服装 CAD 实践教程

PGM 打板、放码、排料、三维试衣

刘荣平　郭艳琴　编著

東華大學出版社
·上海·

图书在版编目(CIP)数据

服装 CAD 实践教程 / 刘荣平，郭艳琴编著. —上海：东华大学出版社，2019.10

ISBN 978-7-5669-1655-6

Ⅰ. ①服… Ⅱ. ①刘… ②郭… Ⅲ. ①服装设计—计算机辅助设计—AutoCAD 软件—高等职业教育—教材 Ⅳ. ①TS941.26

中国版本图书馆 CIP 数据核字(2019)第 227383 号

责任编辑　徐建红
封面设计　贝　塔

服装 CAD 实践教程

FUZHUANG CAD SHIJIAN JIAOCHENG

刘荣平　郭艳琴　编著

出　　版：东华大学出版社(地址：上海市延安西路 1882 号　邮政编码：200051)
本 社 网 址：dhupress.dhu.edu.cn
天猫旗舰店：http://dhdx.tmall.com
营 销 中 心：021-62193056　62373056　62379558
印　　刷：苏州望电印刷有限公司
开　　本：889mm×1194mm　1/16
印　　张：9
字　　数：310 千字
版　　次：2019 年 10 月第 1 版
印　　次：2019 年 10 月第 1 次印刷
书　　号：ISBN 978-7-5669-1655-6
定　　价：59.00 元

目 录

项目 1　服装 CAD 概述

20 世纪 70 年代以来，计算机技术的不断发展，特别是微型计算机的发展，对促进许多行业的发展画出了重要的贡献。服装业在 20 世纪 70 年代初开始引入计算机技术，早期因为硬件的原因，发展非常缓慢，直到 IBM PC 机问世之后，才加快了发展步伐，而我国服装 CAD 的迅速发展则是近十年的事情。

一、服装 CAD 的概念

CAD 是计算机辅助设计（Computer Aided Design）的英文缩写。工作思路是将设计工作所需的数据与方法输入到计算机中，通过计算机计算与处理，将结果表现出来，再由人对其进行审视与修改，直至达到预期目的和效果，其中复杂和重复性的工作由计算机完成，而那些判断、选择和创造性强的工作由人来完成，这样的系统就是 CAD 系统。

服装 CAD 是应用于服装领域的 CAD 技术，简单地讲就是应用计算机实现服装产品设计和工程设计的技术。目前，已经成功应用于服装领域的有款式设计（FDS）、纸样设计（PDS）、推档（Grading）、排料（Marking）等。

二、服装 CAD 的作用

1. 计算机在服装工业中的应用

计算机在服装工业中的应用非常广泛，主要有以下几个方面：

① 计算机辅助服装设计——服装 CAD；

② 计算机辅助制造——CAM；

③ 柔性加工系统——FMS；

④ 企业信息管理系统；

⑤ 服装信息系统；

⑥ 服装销售；

⑦ 人才培养。

2. 服装 CAD 的作用

由于服装业产品及其质量的迫切需要，服装 CAD 系统功能的不断拓宽已成为近年来服装界、CAD 界研究人员追求的目标之一。服装 CAD 的应用所产生的巨大经济效益，引起了世界范围内研究机构和服装行业的极大兴趣和关注，CAD 系统功能的研究结出了丰硕的成果。据不完全统计，21 世纪初日本服装 CAD 普及率已达 80%，欧洲国家，已有 70%以上的服装企业配备了服装 CAD 系统。《纺织工业“十三五”科技进步刚要》提出，应用服装计算机辅助设计与制造系统能大大缩短服装设计和生产准备周期，通过网络进行信息传递等，便于管理，全行业 CAD/CAM 配套使用普及率目标值 2020 年达到 25%，2035 年达到 35%。

企业引进服装 CAD 系统后，样板设计制作效率明显提高。据测算，国内服装企业若完成一套服装样板（包括面板、里板、衬板等），按照一般人工定额，完成一档为 8 个工时，若以推五档计算，就须 40 个工时。如果采用服装 CAD 系统，则只需 10 个工时即可，这就意味着工作周期大大缩短。

根据日本数据协会在 20 世纪 90 年代对几十家 CAD 用户所作的有关应用效益的调查表明，CAD 系统的作用主要体现在以下几个方面：

- 90%的用户提高了产品设计的精度；
- 78%的用户减少了产品设计与加工过程中的差错；
- 76%的用户缩短了产品开发的周期；
- 75%的用户提高了生产效率；
- 70%的用户降低了生产成本。

国内亦有同类资料介绍，服装企业采用 CAD 技术之后，企业的社会效益和经济效益都得到了显著的提高：

- 面料利用率提高了 2%～3%；
- 产品设计周期缩短十几倍到几十倍；
- 产品生产周期缩短 30%～80%；
- 设备利用率提高 2～3 倍。

综上所述，服装 CAD 技术在服装工业化生产中起到了不可替代的作用，可以说这项技术的应用是现代化服装工业生产的起始，因此，大力推广服装 CAD 技术十分必要。

三、服装 CAD 技术发展现状及趋势

20 世纪 60 年代初美国率先将 CAD 技术应用于服装加工领域并取得了良好的效果，70 年代起，一些发达国家也纷纷向这一领域进军，取得了一定的成绩。迄今，国外服装生产已经从 20 世纪 60 年代的机械化、70 年代的自动化、80 年代至 90 年代的计算机化发展到了今天的网络化。

1. 国外主要服装 CAD 介绍

（1）格柏服装 CAD

格柏公司位于美国康涅狄格州，隶属于美国工业合作伙伴（AIP）。为全球多家公司提供整合软硬件解决方案，行业分布航空航天、建筑、家具、时尚服饰、交通、工业纺织品、风能及标牌等。软件有 AccuMark、AccuMark 单量单裁、AccuNest、ComposiNest、YuniquePLM、PLM 咨询服务、YuniquePLM FS 等，硬件有 GERBER cutters、GERBER plotters、GERBER digitizers、GERBER spreaders，以及 Virtek Iris 空间定位系统、Virtek 视觉系统、Virtek LaserEdge 等激光定位系统。

（2）力克服装 CAD

力克公司是位于法国波尔多的一家高科技公司，是 CAD 业界领先的解决方案及配套服务供应商，为纺织品、皮革和其他软性材料的主要工业用户提供从产品设计、制造到零售全面的高新技术解决方案和配套服务。提供的产品可实现从产品设计、开发及制造的自动化操作，还可简化并加快整个过程，其软件主要模块有样板设计系统、智能设计系统等。

（3）PGM（Optitex）服装 CAD

PGM 致力于服装、箱包手袋、沙发家居，汽车等交通内饰件，帐篷睡袋等旅游用品，玩具、鞋帽、风帆、工业制品等行业，专业为软性材料行业提供从产品设计、开发、自动化铺布、计算机裁剪等全套解决方案。其软件系统有描板模块、开头样模块、放码模块、MTM 模块、排料模块、转换模块、NEST＋＋2 超级套排、三维虚拟试衣等。

2. 国内主要服装 CAD 介绍

（1）智尊宝纺 CAD

智尊宝纺是国内集服装 CAD/CAM/CAE/CAPP 软硬件研发、销售、售后于一体的公司，给服装企业在服

装设计、生产、销售等环节进行全方位的信息化服务。其软件系统有款式 & 面料设计软件(3D 化设计软件)、工艺设计软件(2D 化快速设计软件)、智尊宝纺板型管理平台(模型化 CAD)等。

(2) 富怡 CAD

富怡服装 CAD 系统兼容性较好，能与目前国内外绝大多数的绘图仪和数字化仪连接应用，且可以进行多种转换格式(如 DXF、AAMA 等)，可以与国内外 CAD 系统的资料进行互相转换应用。富怡服装 CAD 系统是目前国内普及率和应用率较高的产品，特别是在广东、福建、江浙及一些沿海地区。

已经开发出来的产品有：富怡服装工艺 CAD(打板、放码、排料)、工艺单软件、格式转换软件、富怡 FMS 生产管理系统、立体服装设计系统及毛衫设计、针织、绣花系统等。

(3) ET CAD

布易科技推出服装工艺 CAD 软件——ET SYSTEM 拥有智能化的二维服装设计平台，更提供了技术先进功能强大的三维服装设计系统。ET SYSTEM 与 ET3D 将工艺服装设计空间从二维拓展到三维，为服装设计师提供多维设计帮助。

3. 服装 CAD 发展趋势

人类社会正处于一个科学技术迅猛发展的新时期，计算机科学和信息技术更是日新月异，多媒体技术、计算机网络、虚拟现实等给计算机信息科学带来一次又一次的革命，大大地推动了服装 CAD 技术的发展。从国内外具有较高水准的服装公司的研究态势和产品开发上，我们可以对服装 CAD 的发展趋势略见一斑。

(1) 集成化

服装生产的全面自动化已成为当今服装业发展的必然趋势。这种全面自动化技术既包括公司经营和工厂管理的计算机信息系统(MIS 系统)，也包括计算机辅助设计与制造系统(CAD/CAM 系统)和计算机辅助企划系统(CAP 系统)，从而使产品从设计、加工、管理到投放市场所需的周期降到最低限度，提高企业对市场的反应速度，以提高企业的经济效益。世界各国的专家预测，当今工程制造业的发展趋势是向 CIM 方向发展，CIMS 正成为未来服装企业的模式。

(2) 平台网络化

服装产业本身就是信息敏感的产业，信息的及时获取、传送，并进行快速的反应，是企业生存和发展的基础。利用网络技术，建立企业内部的信息系统，进入国内外的公共信息网络，既可以使企业及时掌握各种信息，以利于企业的决策，又可以通过信息网络宣传自己和进行产品交易。服装 CAD 系统不仅属于服装企业，商家与顾客也可以与企业的 CAD 系统联网，直接参与设计，随着三维 CAD 技术的发展，人们还能够进入网络的虚拟空间去选购时装，进行任意的挑选、搭配、试穿，达到最终理想的效果。同时系统的网络化也为 CIMS 的实现创造了必不可少的条件。因此，服装 CAD 只有通过网络互相连起来才能达到资源共享和协调运作，发挥更大的效益。

(3) 三维设计服装 CAD

迄今为止，服装 CAD 系统都是以平面图形学原理为基础的，无论是款式设计、样片设计还是试衣系统，其中的基本数学模型都是平面二维模型。但是，随着人们对着装合体性、舒适性要求的提高，以及着装个性化时代的到来，建立三维人体模型、研究三维服装 CAD 技术已经成为服装 CAD 技术当前最重要的研究方向和研究热点。尽管目前许多服装 CAD 系统，如 Gerber、Lectra、PGM 等均含有三维试衣等技术，但仍处于探索阶段，还存在着一些较为困难的问题，与实用要求尚存距离，如何解决这些问题，是三维 CAD 走向实用化、商品化的关键所在，如果这一技术能真正突破，必将会给服装产业及相关领域带来深刻的革命。

(4) 智能化

迄今为止服装 CAD 设计系统的指导原则是采用交互式工作方式，为设计师提供灵活而有效的设计工具。计算机科学领域中富有智能化的学科和技术，例如知识工程、机器学习、联想启发和推理机制、专家系统技术，未被成功的应用到服装 CAD 系统中。由于系统本身缺少灵活的判断、推理和分析的能力，使用者仅限于具有较高专业知识和丰富经验的服装专业人员，所以许多服装生产厂家在其面前望而却步。但随着知识工程、专家系统逐渐被引进服装工业，计算机具有了模拟人脑的推理分析，拥有行业领域的经验、知识、听觉和语言能力，使服装 CAD 系统提高到智能化水平，起到启发、激发创造力和想象力的作用，发挥出更有意义“专家顾问”“自动化设计”的作用。

(5) 自动量体、试衣

随着世界时装业的主题朝着个性化及合身裁剪方向发展，服装合体性已被广泛地认为是影响服装外观及服装舒适性的一个重要因素，它甚至被认为是影响服装销售的最重要的因素之一，这对服装 CAD 系统提出新的要求：快速自动测量完整、准确的人体数据，将数据输送到设计系统，并且在计算机的屏幕上进行试衣。无接触式的测量可利用摄影中的剪影技术来确定体型，借助精密的形体识别系统来确定人体尺寸的各个部位，或者利用激光技术产生人体的三维图像。目前人们正在研究更加可行的自动生成人体体型数据的软件。

项目 2　西装裙 CAD 打板

2.1　项目描述

西装裙又称西服裙。它通常与西服上装或衬衫配套穿着。在裁剪结构上，常采用收省、打褶等方法使腰臀部合体，长度在膝盖上下变动，为便于活动多在前、后打褶或开衩。

西装裙是结构较为简单的服装品种，本项目选择西装裙作为此次项目的实训内容，学生通过对 CAD 软件的基本工具的学习，掌握基本制板工具的使用，完成本项目任务。

2.2　项目目标

1. 知识目标

了解软件的界面构成，了解 PGM 服装 CAD 的特点，了解辅助线等绘图辅助工具的使用方法，掌握图形缩放及移动等基本操作，掌握文件操作方法，了解图形编辑方法及省道等造型处理方法。

2. 技能目标

能够较好地完成西装裙结构图绘制。

3. 素质目标

培养学生使用 PGM 服装 CAD 系统绘制服装结构图的能力，为复杂款式的结构图绘制打下基础。

2.3　软件讲解

一、PGM 服装 CAD 打板系统界面

双击软件快捷方式，打开软件后，出现软件界面(图 2-1)。

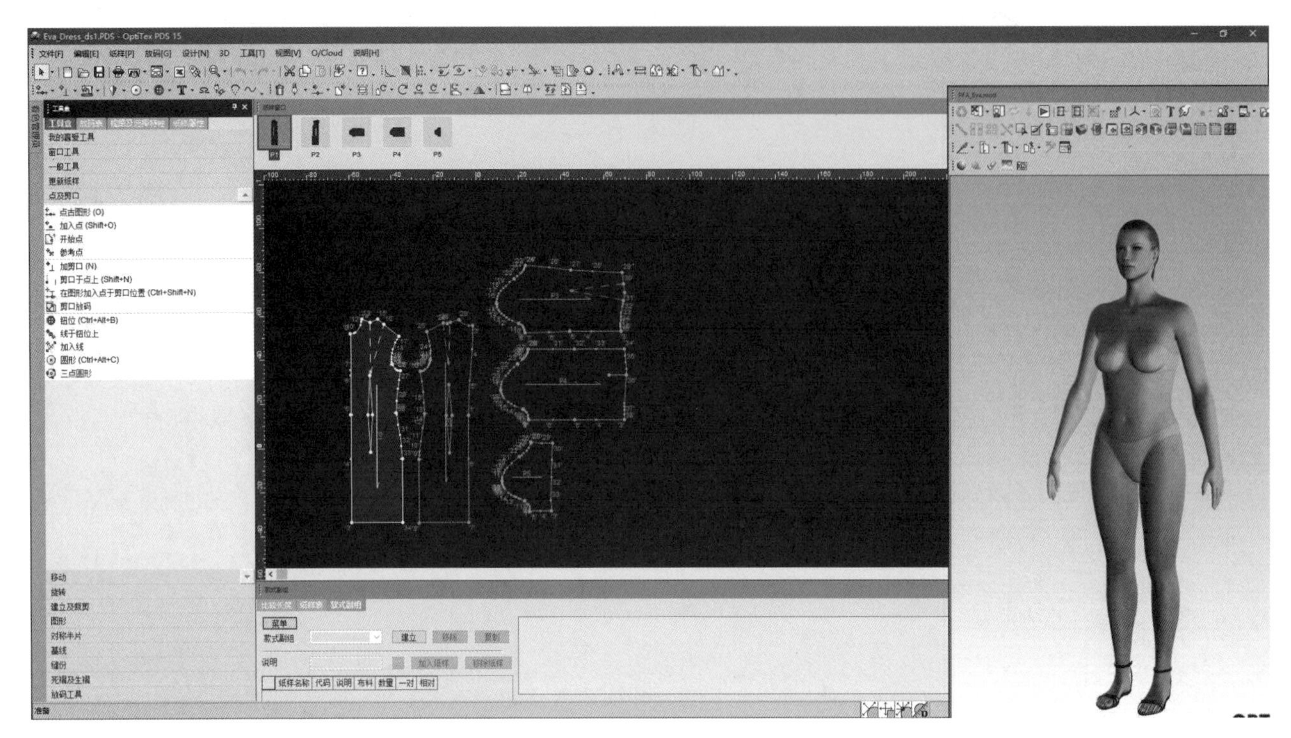

图 2-1

1. 主菜单

主菜单在屏幕的顶部，设置有文件操作，以及编辑、修改等方面的工具（图 2-2）。在一般情况下，菜单包含更先进的工具或不常用的工具，而常用的工具一般放在工具栏和工具箱中。

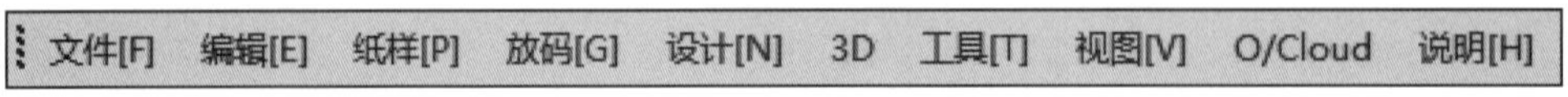

文件[F]
编辑[E]
纸样[P]
放码[G]
设计[N]
3D
工具[T]
视图[V]
O/Cloud
说明[H]

图 2-2

2. 图标工具栏

菜单下方的主工具栏，设置有图标工具栏，为绘图提供方便，每个图标代表一个工具，图示工具栏为插入工具栏（图 2-3）。

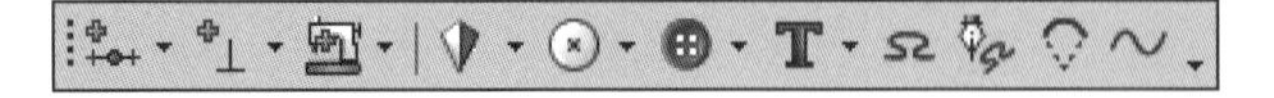

图 2-3

3. 纸样视窗

此窗口显示所有存在于工作区内的纸样的缩略图。一旦开始工作，文件所有的纸样会出现在这个窗口中，且在缩略图下方显示该纸样的版名（图 2-4）。

P1
P2
P3
P4
P5

图 2-4

4. 工作区

在屏幕的中心，有一个大的黑色矩形，这就是工作区，可以在这里进行所有的纸样修改(图 2-5)。

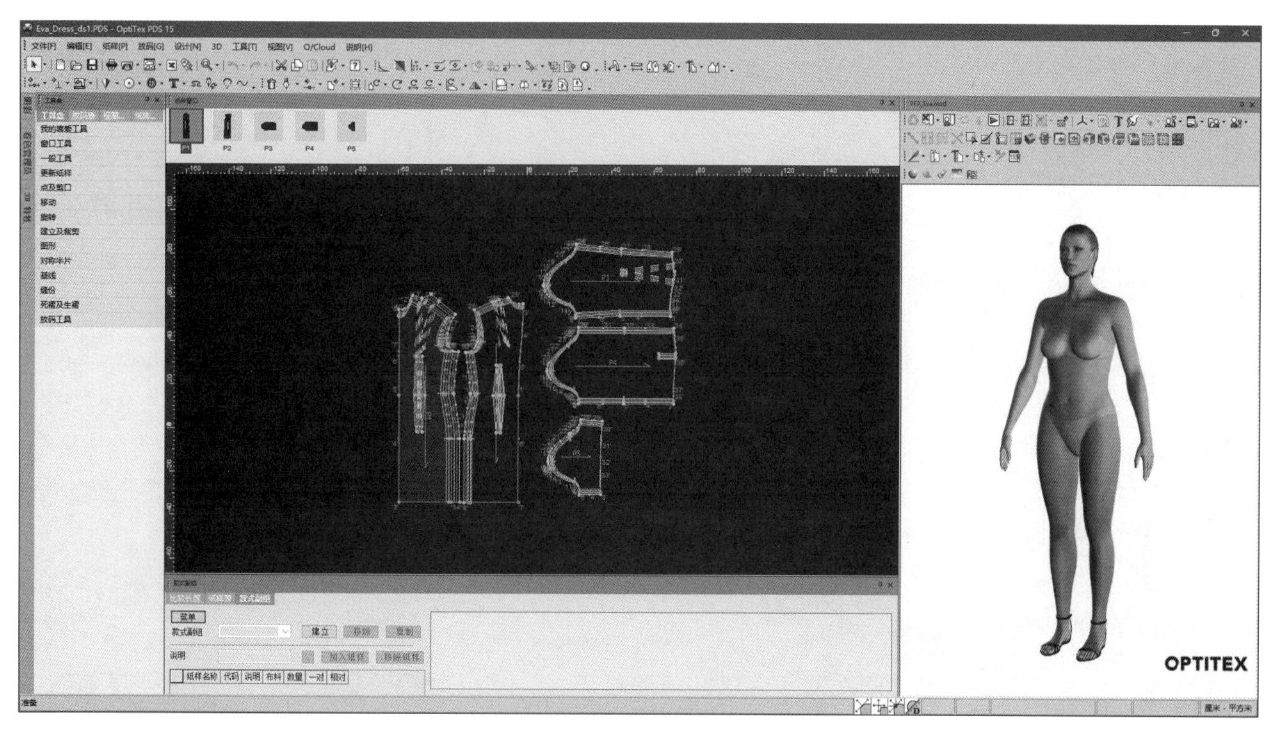

图 2-5

5. 高级草图工具

高级草图工具在工作区的右下角，有四个图标。

：根据一个角度做延长线。在鼠标停留处当与上一点形成 90 度时出现两条红色虚线，一条为垂线，一条为延长线，也会与工作区中的其他线条产生关联。

：提供根据当前点的水平或垂直线。

：亮点中间段，可以正好在一条线的中点处或者垂直处画一条线。

：允许输入数值(长度和角度)，得到一个准确的点。可以用来代替"点位置"对话框。

6. 标尺和辅助线

标尺的使用：点击横向的标尺拖动到工作区得到横向的辅助线，点击纵向的标尺拖动到工作区得到纵向的辅助线。

要删除所有辅助线：按 Ctrl + Alt + G。

要删除单条辅助线：选择"辅助线"，并按下键盘上的 Delete 键。

7. 导航

鼠标：滚动鼠标滚轮时，会以鼠标所在位置为中心，放大或缩小工作区中的衣片。

Home 键(首页)：将所有的衣片在工作区做适当的缩放。

Home + Shift 键：对工作区中选定的衣片放大。

Page 键(浏览)：对工作区中的衣片依次最大显示。

Tab 键：依次选中衣片。

Shift 键：按住该键后，用鼠标左键在工作区空白处单击拖动，可以将全部衣片一起移动。

Space 键：将鼠标移至某个样板上面，按住 Space 键可以将该衣片移动到适当的位置。

8. 工具盒

也称为“工具箱”，位于工作区的左边。在“工具盒”中，可以找到所有的工具，根据它们的功能，已经分进不同的小组（图 2-6）。当指向此选项卡，可以展开我的喜爱工具等 14 个标签。单击某一个主题标签，可以展开该部分显示的工具列表，在工具的右侧显示有其键盘快捷键命令，这时可以用键盘完成该工具的操作，从而提高绘图效率（图 2-7）。

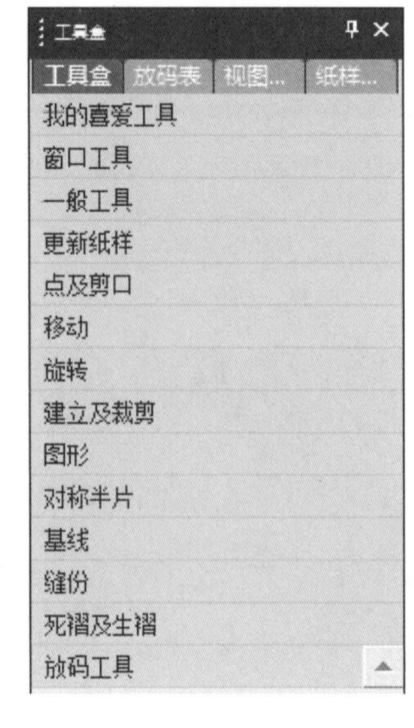

图 2-6

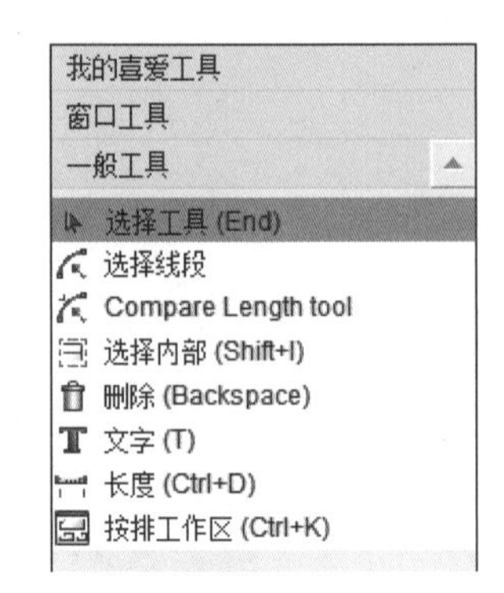

图 2-7

9. 状态栏

状态栏位于屏幕最底部，显示当前工具的使用提示，以及长度等单位和衣片的状态等信息。

将光标移动到某一工具时，状态栏显示该工具的描述。选择工具时，该工具的使用步骤提示出现在状态栏上的工具使用部分区域（图 2-8）。

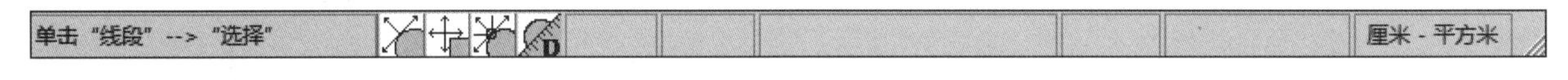

图 2-8

10. 参数设定

选择菜单栏【工具】下拉式菜单下的【主题设定】命令，设置软件界面风格；选择【自定义】命令控制工具栏及其命令的显示；选择【其余设定】命令设置图形单位、文字字体及大小、图形及背景颜色等多项内容（图 2-9～图 2-11）。

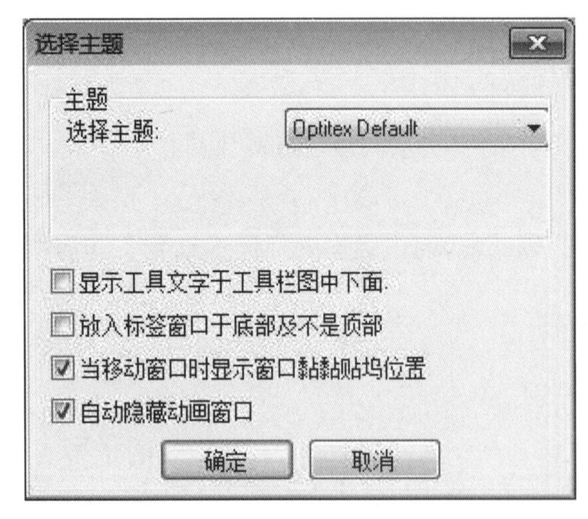

图 2-9

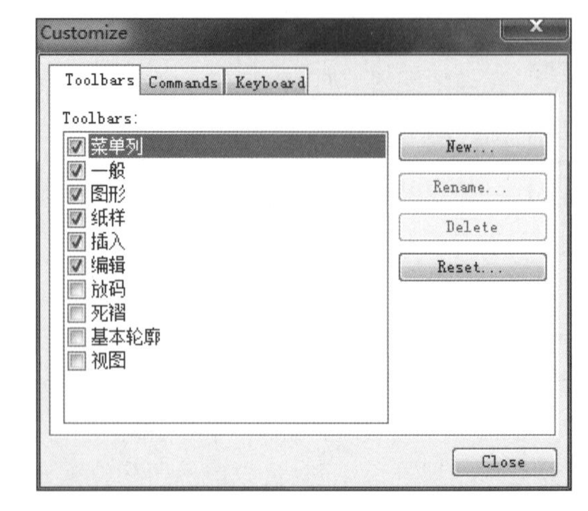

图 2-10

图 2-11

二、PGM 服装 CAD 的特点

1. 方向性

PGM 服装 CAD 以顺时针方向为正向。当选择若干点时，以顺时针方向从第一点出发做选择，得到所选的点；若从逆时针方向选择则是反选。

2. 属性

有样板属性、点属性等。选中样板，单击鼠标右键，选择【特性】命令，弹出“纸样属性”侧栏，可以设置样板的版名及排料要求等项目；选中样板上的点，单击鼠标右键，选择【特性】命令，弹出“内部属性”侧栏，可以设置点的种类等项目(图 2-12、图 2-13)。

3. Alt 快捷键

Alt 键在 PGM 中具有重要的作用。在移动或旋转样片、点或内部元件的操作过程中，通过按住 Alt 键，可以调用移动对话框。

4. Space 快捷键

将鼠标移至某个样板上面，按住 Space 键并移动鼠标可以将该衣片移动到适当的位置。

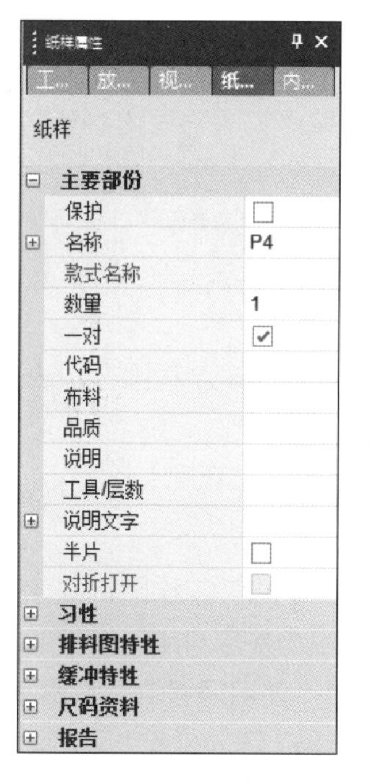

图 2-12

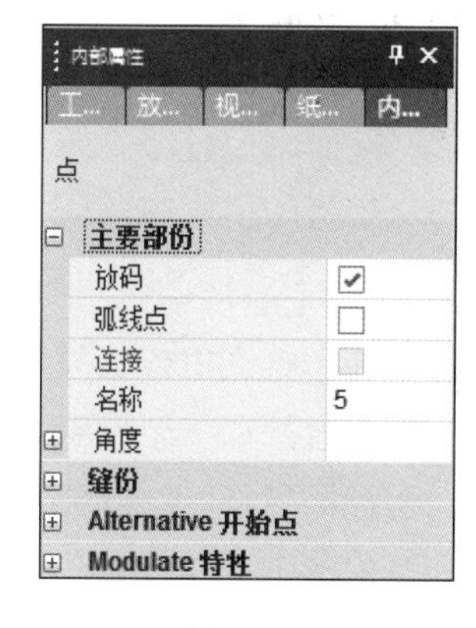

图 2-13

三、PDS 工具栏

1. 一般工具栏

一般工具栏包含了选择、线段选择等基本操作工具和打开、保存、打印等文件操作工具以及图形缩放、复制、粘贴等图形编辑工具(图 2-14)。

图 2-14

(1) 选择工具(End)

预设的工具,用作选择纸样、点、线段、菜单栏和图像工具。用选取工具指向样片,双击鼠标左键会出现纸样资料对话框。指向点、钮位或其他内部资料,双击鼠标左键会出现特性对话框。单击鼠标右键会出现选择菜单。

(2) 开新文件(Ctrl + N)

建立新的文件。

(3) 开启旧档(Ctrl + O)

开启已存在的旧设计文档。首先选择文档所在的磁盘,然后选择文件夹,最后选择文件。

(4) 储存文件(Crtl + S)

储存当前的文档,未命名的文档会出现输入名称和选择文件夹的对话框。

(5) 打印(Crtl + P)

可打印出 A4 或 A3 纸张范围内 1 : 1 样片或按纸张范围打印比例样片,也可以按适合比例打印所选择的样片和在工作区内所有样片(图 2-15)。

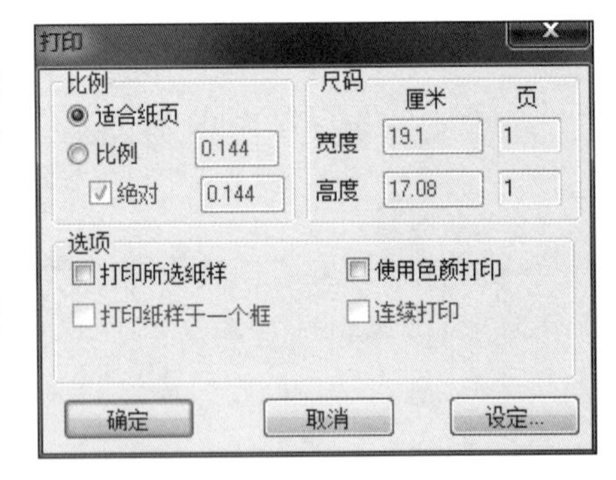

图 2-15

适合纸页:打印的样片是按纸张的大小作合适的比例。

比例:在对话框内输入数字可打印不同比例样片。1 为 100%的实际比例,0.5 为样片的 50%的尺寸。

尺码:宽度,高度依比例大小出现的尺寸。

页:依比例所需要的纸张的数量。

选项:只打印所选的样片。

只打印样片在一个框内,而不是多个页面打印。

使用彩色打印。

当打印多页时,纸页面间会有拼接标记。

(6) 绘图(Ctrl + L)

使用绘图机或裁剪机输出纸样,设定绘图机或裁剪机的驱动格式,纸张的尺寸,字型设定,绘画的模式;网状或分开每一个尺码,裁剪机内使用刀和笔等相关的资料都在表格内设定(图 2-16)。

档案名称:绘图档案的名称,使用网络绘图需要查找网络上连接绘图机的计算机名称及档案。

绘图机/裁剪机设定:按【设定】选择绘图机的驱动格式。

绘图机纸页尺寸:设定绘图机/裁剪机纸页尺寸。

X——设定纸页的长度。

Y——设定纸页的宽度。

比例系数:按比例绘画出的样片。

输出管理员:是否需要使用输出管理员驱动绘图机,只输出绘图档案,则不需要选择输出管理员。

输出管理员服务:可选择不同的输出管理员,【OCC】或【OutMan】。按【选择】找出对应的输出管理员档案。

绘图后删除:选择该项时,绘图后计算机内会自动删除绘图档案。

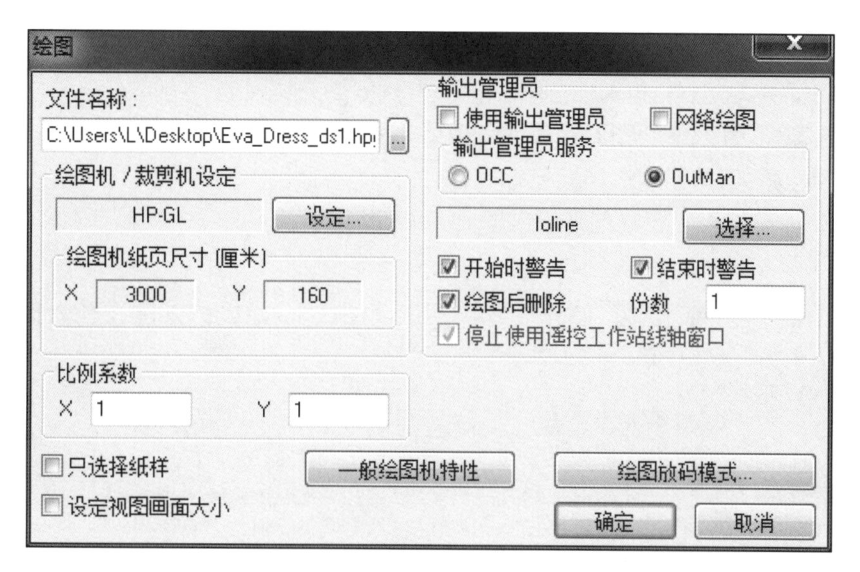

图 2-16

份数：绘图的数量。

一般绘图机特性：在对话框内选择绘图时所需要的项目。

绘图放码模式：绘画已放码的样片是以网状或独立分开每个码。

（7）按排绘图（Ctrl + K）

安排工作区纸格的排列情况（图 2-17）。

宽度：当前绘图机纸页的宽度。

间隙：是样片与样片之间需要留的空隙。

长度：确定绘图机纸页的长度。

全部纸样：按需要选择文件，工作区内或选择纸样。

旋转纸样：旋转纸样以适合纸张的宽度。

旋转至最初基线：旋转样片得到合适基线。

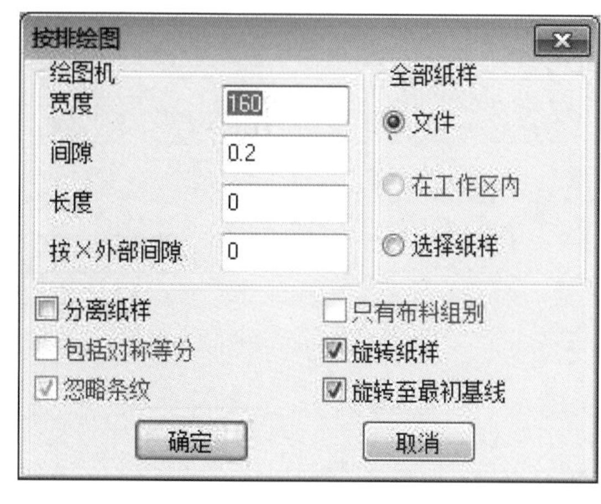

图 2-17

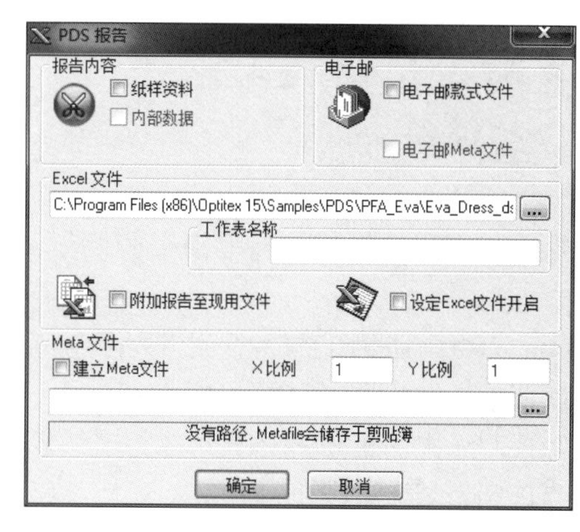

图 2-18

（8）Excel 报告

把整个档案内每块样片的资料、纸样资料、内部资料导出到 Excel 报告内，也可选择输出报告内容（图

2-18）。

纸样资料：长度、宽度、面积、裁剪长度、用料、样片形状等相关资料。

内部资料：扼位、裁剪图形、绘画图形的长度和数量等资料。

附加报告至现用档案：已有相同的档案名称，可附加在同一报告内的 Sheet 2、Sheet 3 等。

设定 Excel 档案开启：是否需要立刻开启该项 Excel 档案。

（9）读图

进入读图功能，出现读图板对话框，首先把纸样贴在读图板上，沿纸的外围线输入计算机内，读图的过程会在计算机画面上出现（图 2-19）。

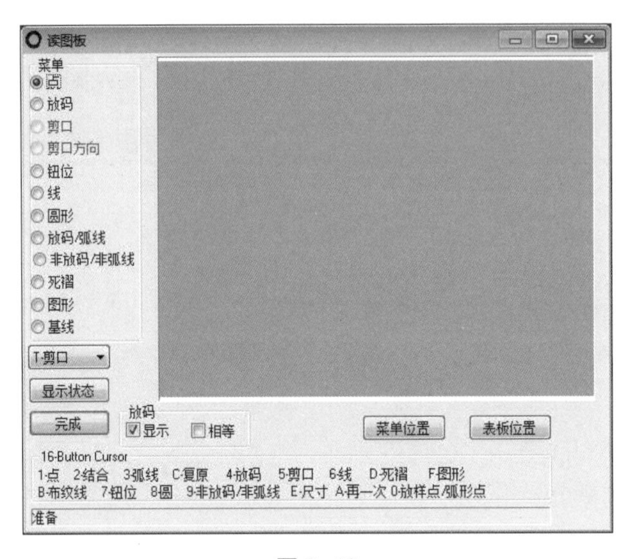

图 2-19

（10）矩形放缩（Ctrl + Num + ）

可以使用鼠标中央的滚轮滚动，进行放大或缩小。

（11）复原和再作（Ctrl + Z 和 Ctrl + Y）

（12）裁剪纸样（Ctrl + X）

（13）复制纸样（Ctrl + C）

（14）粘贴（Ctrl + V）

（15）更换

更换所选择纸于纸样列。单击右侧向下三角符号，弹出更换的系列命令（图 2-20）。

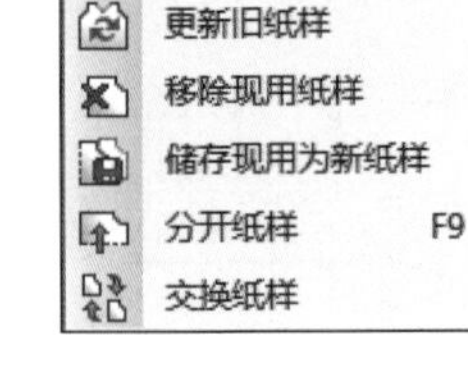

图 2-20

更换旧有纸样：把所有样片移回排列区内。

更新旧纸样：确认已修改好的样片。

移除现用纸样：把所选择的样片放回排列区内。

储存现用为新纸样：把已修改好的样片储存为一块新样片，保留原来的样片。

分开纸样：全图观看在工作区内所选择的样片，把其余的送回排列区。

交换纸样：使用替换纸样功能将已作修改的样片和原来未修改的样片作比较。

2. 插入工具栏

插入工具栏包含了加点、做省道等图形编辑处理工具及加剪口、缝份等样片处理工具（图 2-21）。

图 2-21

(1) 点在图形(O)

在线段上加入点。

操作方法:

① 选取工具。

② 在需要加点的线段上按一下,出现【点特性】对话框,选取点种类,【放码】或【弧线点】,以顺时针方向计算在【上一步】或【下一步】在比例对话框输入数值,也可以输入比例。只要输入其中一组,其余的另一组会自动计算。出现【上一步】或【下一步】情况(图 2-22)。

③ 按【确定】(图 2-23)。

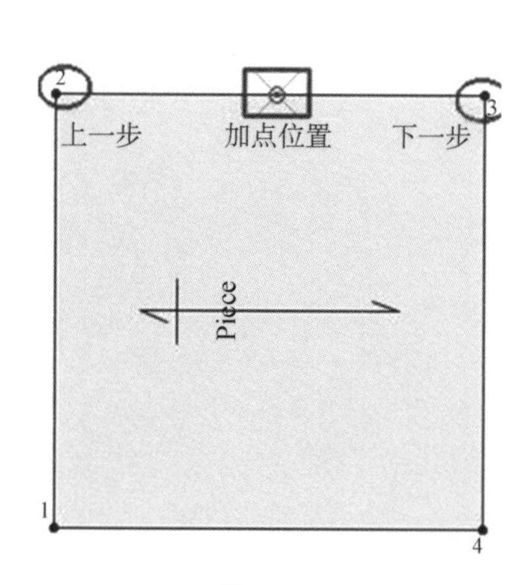

图 2-22

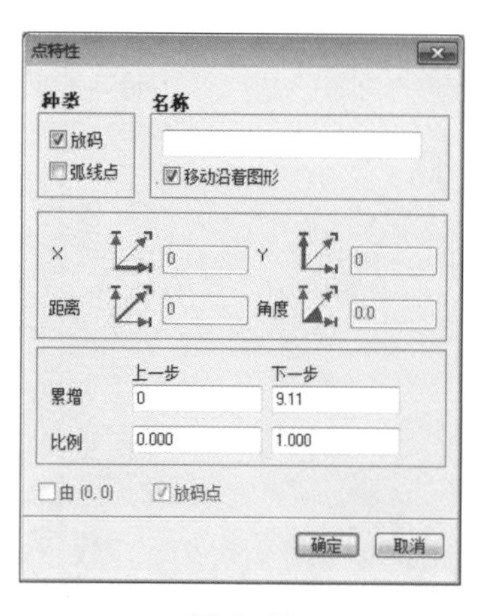

图 2-23

(2) 加剪口(N)

在样片的边界上加扼位。单击需要加剪口的位置,弹出“剪口对话盒”,设置剪口的形状、大小、角度等参数(图 2-24)。

剪口种类:T、V、I、L、U、盒子。

尺寸:设定剪口深度、宽度。

调教条子:设定排唛架时对拉的编号。

指令:绘图,裁剪,打孔,没有。

工具/层数:使用裁剪机的设定。

(3) 缝份(S)

在样片上加缝份,同一块样片上可以加多种不同尺寸的缝份。点击图标右侧向下的三角符号,弹出缝份下拉式菜单(图 2-25)。

操作方法:

① 选取缝份工具。

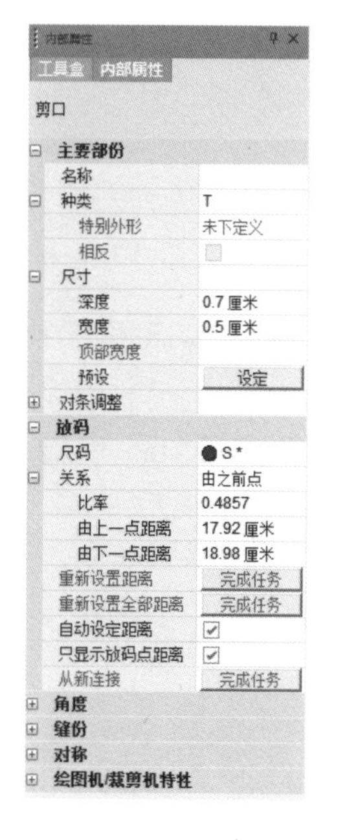

图 2-24

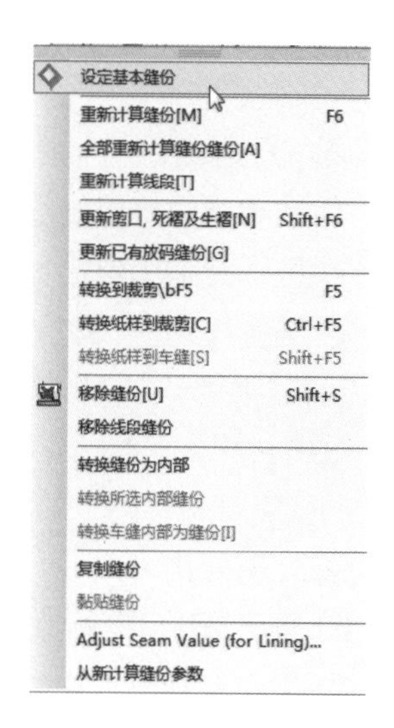

图 2-25

② 在需要加缝份的位置上按鼠标左键，顺时针方向选取点到点或选线段。

③ 弹出【缝份特性】对话框（图 2-26）。

移除缝份（Shift + S）。

移除线段缝份（Ctrl + Shift + Alt + S）。

裁剪缝份角度：不同缝份尺寸的斜角需要人工手动修改角位（图 2-27）。

操作方法：

① 在样片上建立缝份。

② 设定缝份斜角的尺寸。

③ 选取裁剪缝份角度工具。

④ 光标大箭头单击点 1，然后光标小箭头单击点 3，再在点 2 与点 3 之间单击，弹出“点特性”对话框，在上一步输入框中输入剪角的数值即可。

图 2-26

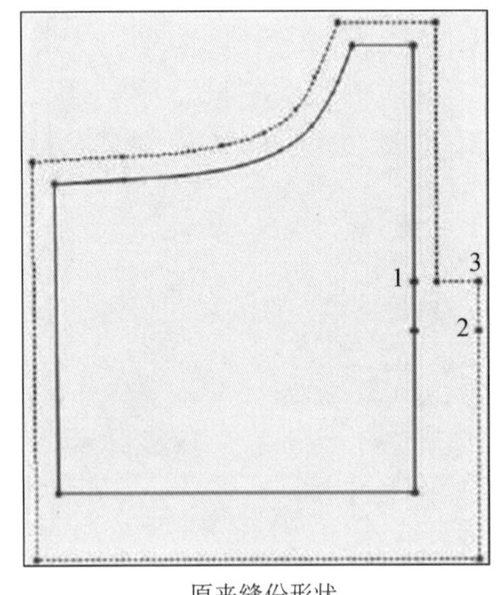

原来缝份形状

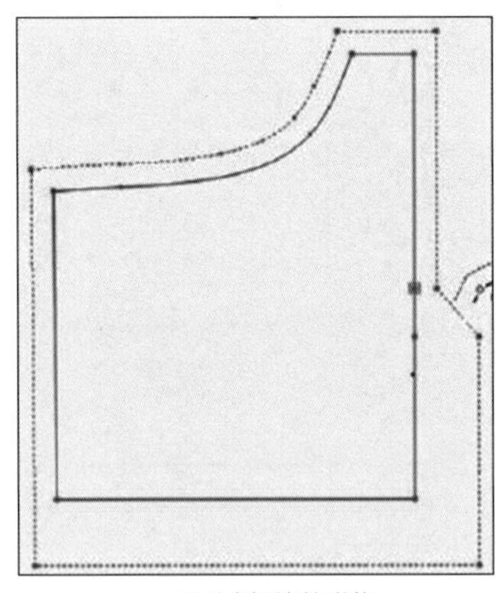

已更改好缝份形状

图 2-27

（4）死褶（Ctrl + Alt + D）

加入死褶。

操作方法：

① 在要建立死褶的线段上设定点，点 14 至点 16 距离是褶的大小尺寸。

② 选取死褶工具。

③ 箭头在点 14 按下，拖移工作链至点 16 按下，再拖移工作链至样片内部任何位置按一下，有死褶【特性】对话盒出现（图 2-28、图 2-29）。

省道转移。

操作方法：

① 选取死褶工具。

② 单击省尖。

③ 单击新省打开点。

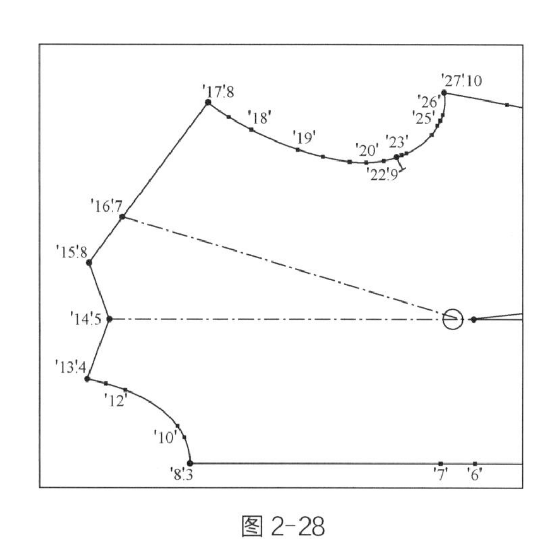

图 2-28

死褶	
主要部份	
Dart Type	死褶
深度	24.01 厘米
宽度	6.9 厘米
Closing Length	0 厘米
Closing Mark Radiu	0 厘米
Closing Mark Distar	0 厘米
重迭	CW
None Overlap Shap	
特有	
名称	
位置	
全部尺码相等	设定
Inside Stitch	
排料图特性	
钻孔距离	1 厘米
钻孔半径	0.7 厘米

图 2-29

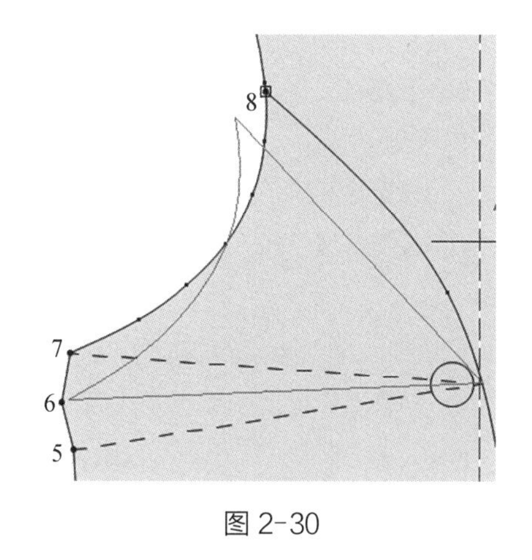

图 2-30

图 2-31

④ 单击省道旋转开始点，并沿关闭省道方向移动，在旧省道内单击，弹出“死褶中心点”对话框，输入旋转的比例或距离。

移动褶尖：建立死褶时褶尖是依据两选点的平行方向，有可能不是需要的位置，这时褶尖位置需要修改。

操作方法：

① 选取死褶工具。

② 利用箭头指向褶尖位置，整个死褶会转变颜色，按一下左键，移动工作链至所在的位置，再按一下左键，有“移动死褶”对话框出现，在对话框内按箭头方向输入数值，之后【确定】(图 2-30、图 2-31)。

(5) 加入容位

展开样片加容位，用于做立体口袋等。在点 1 和点 4 处增加容量(图 2-32、图 2-33)。

操作方法：

① 选取工具(需要展开的位置先按)。

② 箭头在点 1 按下，拖移工作链至点 3，弹出“开启容位选项”对话框，第一点数量输入容位大小的尺寸，CCW(逆时针)和 CW(顺时针)值自动均分，或者手动输入 CCW 和 CW 值，第一点数量值自动相加。第二点数量为容位底大小的尺寸，【角度】会自动作调整，按【确定】(图 2-34)。

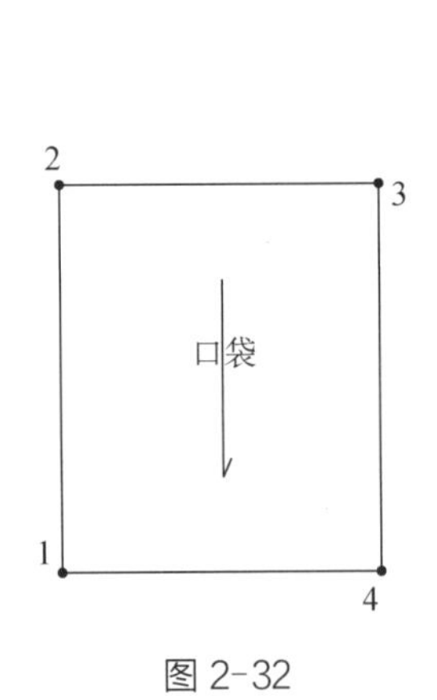

图 2-32

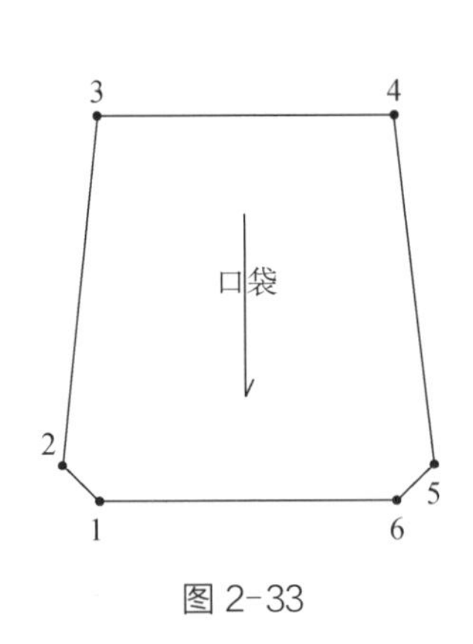

图 2-33

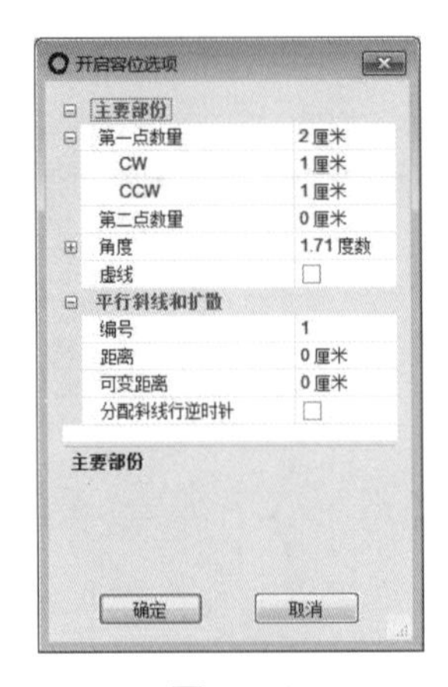

图 2-34

(6) 按中心点建立死褶

直接在纸样中展开建立死褶(图 2-35)。

操作方法:

① 选取工具,在样片外围线需要加点的位置上点 1 按一下左键。

② 在设定褶尖的位置上点 2 按一下。在对角线上点 3 按一下。

③ 在点 1 按下往逆时针方向拖移样片。

④ 出现【按中心点建立死褶】对话框,输入宽度和深度,按【确定】。

⑤ 在【固定死褶】对话框内选取固定方法,按【确定】。

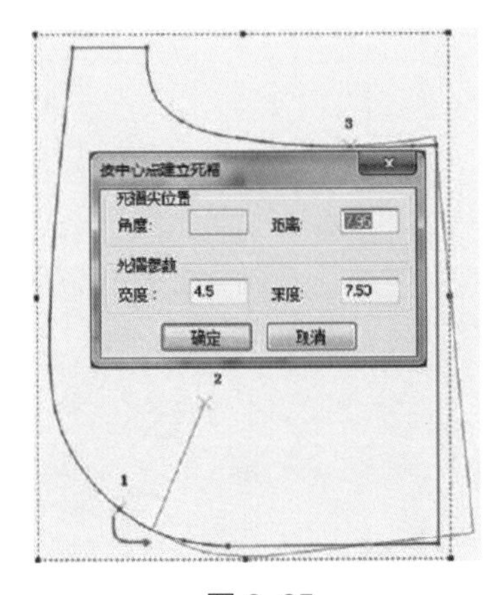

图 2-35

(7) 按弧裁剪死褶

操作方法:

① 选取工具。

② 在死褶的褶尖按一下,在死褶中间位置拖移弧线,再按一下左键,死褶已裁剪,修剪完成后不再具有死褶属性。

(8) 圆形(Ctrl + Alt + C)

建立圆形。此工具只可作为参考线用,完绘图后要把该圆形删除。

(9) 钮位(Ctrl + Alt + B)

加钮位在样片上,排对格、对条、对花唛架时可利用【钮位】功能作为对位的记号,沿某个角度或距离复制钮位的数量。

(10) 加入个别钮位

利用此功能设定最前、最后一个钮位的位置,和相等距离的钮位。也可以用于做空间的等分。

(11) 文字(T)

加入内部文字。

(12) 生褶(L)

在样片上建立【生褶】、【盒子褶】(图 2-36)。

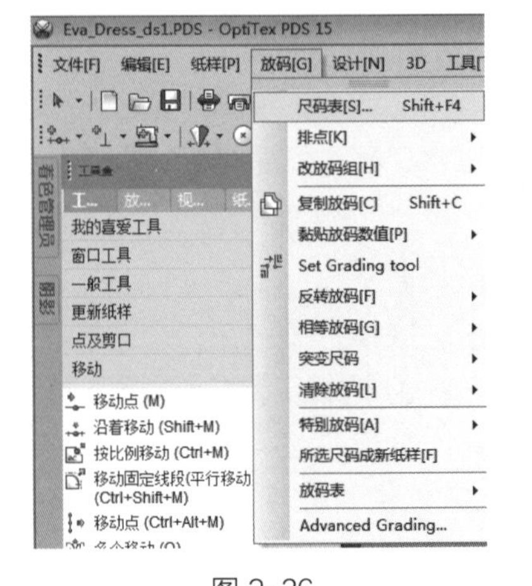

图 2-36

操作方法:

① 选取工具。

② 选褶位的第一点,拖移工作链至第二点。

③ 在“生褶”对话盒内输入褶深，可变量深度和生褶的数量，按【确定】。

（13）弧形（A）

建立弧形于样片内，把样片的线段修改成弧形。

（14）波浪形

建立波浪形线段。

2.4　项目操作

西装裙号型规格、西装裙结构设计步骤分别见表 2-1 和表 2-2 所列。

表 2-1　西装裙号型规格　　单位：cm

号型	150/64A	155/66A	160/68A	165/70A	175/72A	档差
腰围	66	68	70	72	74	2
裙长	55	57.5	60	62.5	65	2.5
臀围	90	92	94	96	98	2

表 2-2　西装裙结构设计步骤

图　示	步　骤	命　令	操 作 方 法
	设定单位	其余设定	选取【工具】|【其余设定】，弹出“其余设定”对话框，单击【主要部分】，选择【工作单位】子项目，单位选“cm”，公差选“0.01”。
2 3 1 4 前裙片	绘制前裙片大轮廓	新建 建立矩形纸样	➢ 单击新建文件按钮，清屏； ➢ 选取【纸样】|【建立纸样】|【建立矩形纸样】，弹出“开长方形”对话框，长度输入 23.5*，宽度输入 57。
3 4 2 5 前裙片	前裙片臀高线位置	线段加点	➢ 选取“线段加点”命令； ➢ 在左边线段上点击，弹出“点特性”对话框，点种类选放码点，累增栏的下一步输入框中输入 18； ➢ 在右边线段上点击，弹出“点特性”对话框，点种类选放码点，累增栏的上一步输入框中输入 18。

* 注：本书表格中以 cm 为单位的数值，为描述简洁，统一省略单位。在省略单位时，会引起歧义处除外。

（续表）

图　示	步　骤	命　令	操 作 方 法
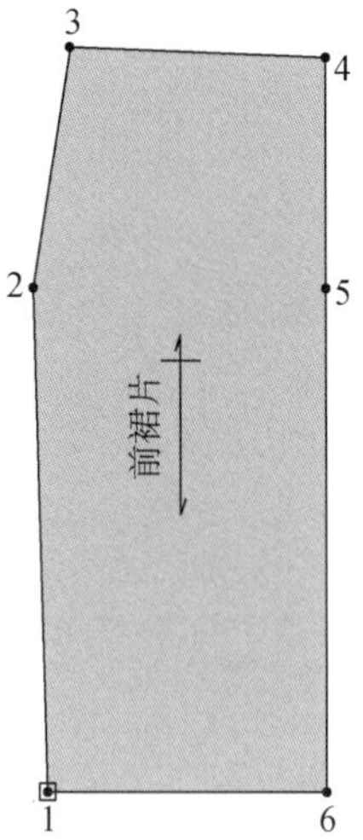 3 4 2 5 前裙片 1 6	确定腰节线，下摆围大小	多个移动 圆形 移动点 沿着移动	➢ 用选择工具，从横向标尺拖出一条辅助线放到＃4 点； ➢ 按住 Ctrl 键，单击上述辅助线，在由线框输入 0.7，得到上抬辅助线； ➢ 选取“圆形”命令，以＃4 点为圆心，70/4＋3 为半径画圆，与上抬线的交点即为腰围大点； ➢ 选取“移动点”命令，将＃3 点移动到腰围大点； ➢ 选取“沿着移动”命令，将＃1 点右移 2.5，确定下摆围大小。
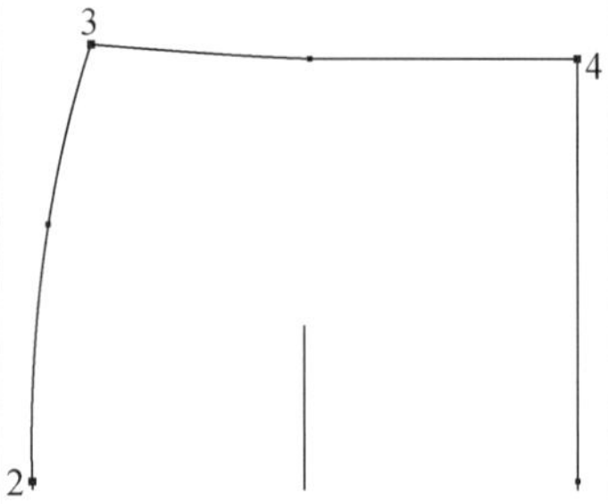 3 4 2	调整腰节线，侧缝线（腰长部分）	移动点	➢ 选取“移动点”命令，按住 Shift 键修改腰节线和侧缝线（腰长部分）。
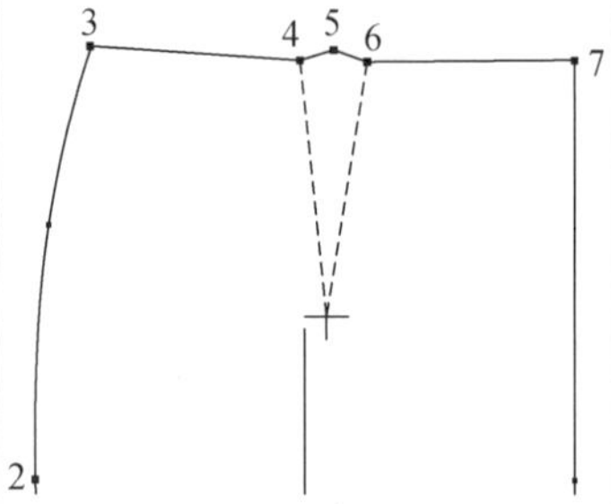 3 4 5 6 7 2	腰省	死褶	➢ 选取“死褶”命令，在腰节线上点击，上一步输入框中输入 9.25；再次点击，上一步输入框中输入 3；在死褶属性栏中的深度输入 11。
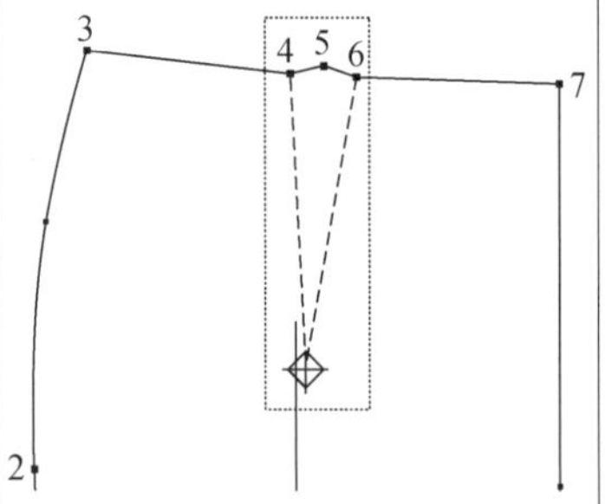 3 4 5 6 7 2	后片	复制 粘贴 按比例移动	➢ 选中前衣片，选取“复制”命令； ➢ 单击“粘贴”命令，得到前衣片的复制品； ➢ 将省道长度改为 13； ➢ 单击“按比例移动”命令，将腰节线拖拽，其中后中点的下降值是－1。
 2 3 1 4	腰	新建矩形	➢ 选取【纸样】|【建立纸样】|【建立矩形纸样】，弹出“开长方形”对话框，长输入 72，宽输入 3。

（续表）

图　示	步　骤	命　令	操　作　方　法
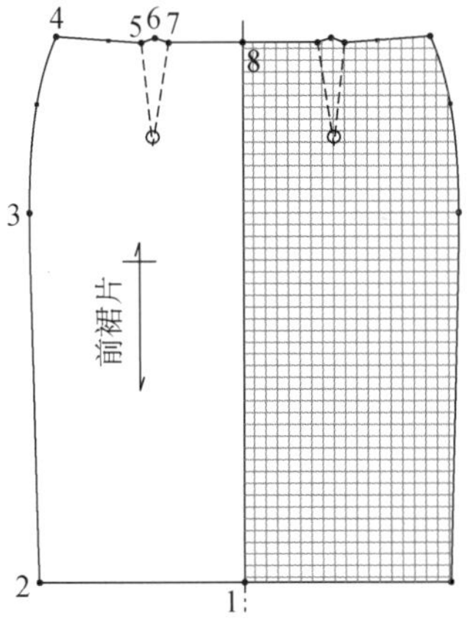 4 5 6 7 8 3 前裙片 2 1	前片对称打开	设定半片 	➢ 选取“设定半片”工具，依次单击对称线的两个端点。
见下图	缝份	设定总体缝份 缝份 	➢ 选取【工具】|【缝份】|【设定基本缝份】，弹出“设定基本缝份线”对话框，缝份宽度输入 1； ➢ 选取“缝份”工具，逆时针选中下摆围（先单击点 1，再点击点 2），缝份宽度输入 4，终结缝份需要反转； ➢ 点击后中线，下一点框中输入 24，再选中后中线下摆围点，缝份宽度输入 4.5，做段差，并做缝份修剪。

项目 3　男衬衫 CAD 打板

3.1　项目描述

本项目在软件基础知识部分主要介绍参考圆、钮位、文字、生褶线等绘图辅助工具以及衣褶、弧线等编辑操作工具。

男衬衫是结构相对简单的服装品种，本项目选择男衬衫作为实训内容，学生通过对 CAD 软件基本工具的进一步学习，完成本项目任务，并提高对软件基本编辑工具的操作技能。

3.2　项目目标

1. 知识目标

了解圆形、钮位等绘图辅助工具的使用方法，掌握移动点等图形编辑工具的使用方法，掌握草图等图形创建工具的使用方法，掌握设定半片等图形处理工具的使用方法。

2. 技能目标

能够较好地完成男衬衫结构图的绘制。

3. 素质目标

进一步提升学生利用 PGM 服装 CAD 系统绘制服装结构图的能力，为复杂款式的结构图绘制打下基础。

3.3　软件讲解

一、PDS 插入工具栏之二

插入工具栏除了有加点、做省道等工具，还有用于辅助绘图的圆形、钮位工具以及做图形变化的生褶工具等（图 3-1）。

图 3-1

（1）圆形（Ctrl + Alt + C）

建立圆形。此工具只可作为绘制参考线用，完成绘图后要把该圆形删除。

（2）钮位（Ctrl + Alt + B）

加钮位在样片上，排对格、对条、对花唛架时可利用【钮位】功能作为对位的记号，沿某个角度或距离复制钮位的数量。

(3) 加入个别钮位

利用此功能设定最前、最后一个钮位的位置，以及相等距离的钮位。也可以用于做空间的等分。

(4) 文字(T)

加入内部文字。

(5) 生褶(L)

在样片上建立【生褶】、【盒子褶】(图 3-2)。

操作方法：

① 选取工具。

② 选褶位的第一点，拖移工作链至第二点。

③ 在生褶对话盒内输入褶深，可变量深度和生褶的数量，按【确定】。

(6) 弧形(A)

建立弧形于样片内，把样片的线段修改成弧形(图 3-3 和图 3-4)。

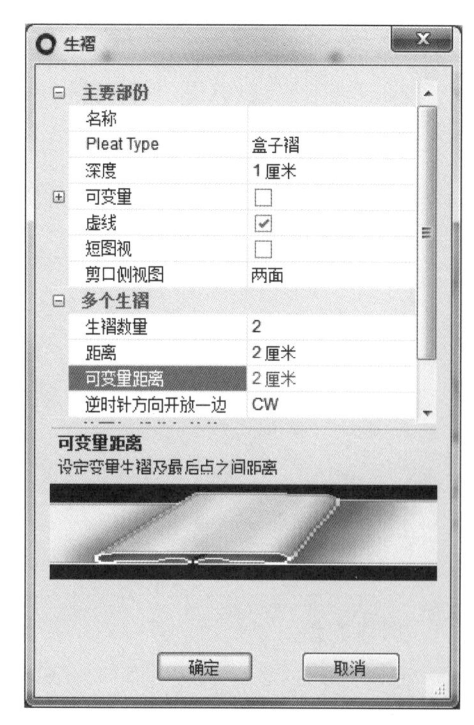

图 3-2

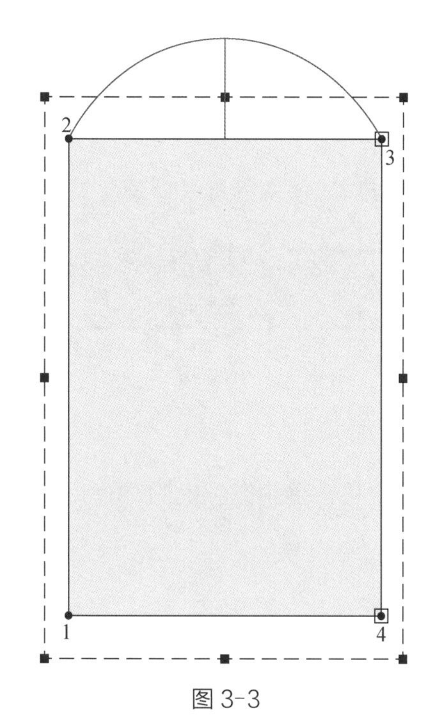

图 3-3

图 3-4

操作方法：

① 选取工具。

② 选取两点，拖移工作链至适当位置按下，弹出【建立弧形】对话框。

点数量沿着弧线：指弧形线段点的数量。

半径：指两点之间拖移之圆形半径。

距离：是两点之间与弧线的距离。

（7） 波浪形

建立波浪形线段（图 3-5 和图 3-6）。

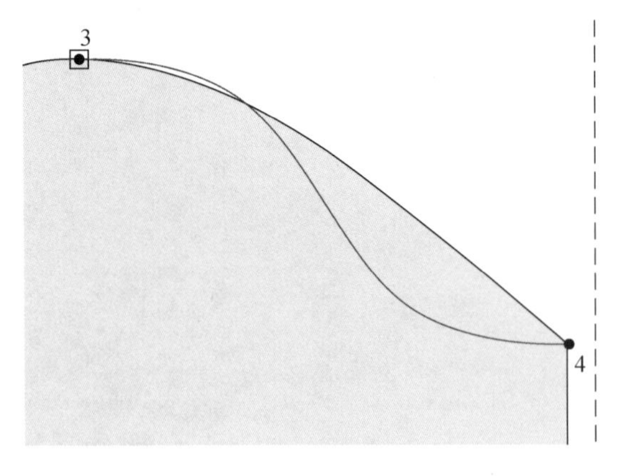

图 3-5

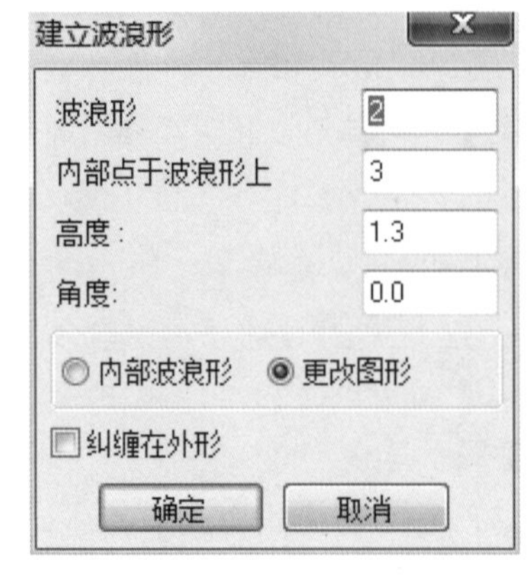

图 3-6

操作方法：

① 选取工具。

② 在线段的第一点按下，拖移工作链至第二点，拖移波浪形线段至所需位置，按一下弹出【建立波浪形】对话框。

③ 在对话盒内输入尺寸，按【确定】。

二、编辑工具栏

编辑工具栏包含了删除、移动点等图形编辑处理工具及旋转、镜像等样片处理工具（图 3-7）。

图 3-7

（1） 删除（BackSpace）

删除：删除样片上的点、扼位、死褶、钮位、内部资料等，也可直接用键盘上的 Delete 键完成。

操作方法：

① 选取工具。

② 用箭头指向需要删除的原素按左键。

（2） 草图（D）

利用【草图】工具画出样片图形或内部图形。

操作方法：

① 选取工具。

② 利用箭头在任何位置上按一下左键，出现【移动点】对话框，指出移动的位置或输入数值，按【确定】。画线至另一外围线，画出的线段可以是两点或是多点线段。

③ 完成画线按鼠标右键，选择【完成草图】，新的样片会生成到样片排列区内画内部图形，图形已贴在样片上。画弧线时可按键盘上的【Shift】键。建立圆形。此工具只可作为绘制参考线用，完成绘图后要把该圆

形删除。

(3) 移动点(M)

移动单一点,用作修改线条。

操作方法:

① 选取工具。

② 按移动点工具指向需要移动的点,移往所要的方向,出现【移动点】对话框(图 3-8)。

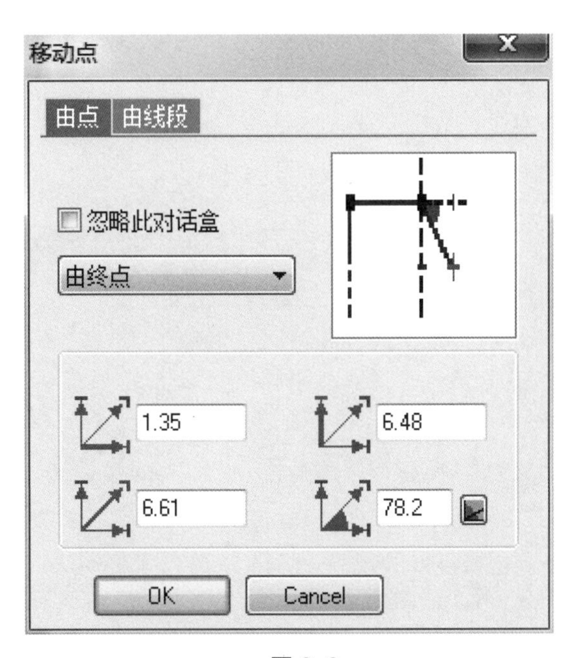

图 3-8

说明:选择性输入所需的数值,依箭头方向移动输入正(+)数值,相反方向输入负(-)数值。

由终点:指由移动点开始计算,在表内显示移动数值或直接输入需要的数值。

由(0,0):指在表内显示点移动的尺寸是工作区内量度尺的位置。

③ 按【确定】。

如不需要此对话框出现,可选择【忽略此对话盒】

需要此对话框出现,可按菜单＞工具＞其余设定＞确认及警告＞开启【移动点】对话框。

(4) 移动纸样(Space)

移动在工作区内的样片。

操作方法:

① 选取工具。

② 按移动样片,在选取的样片按一下,移样至所需要的位置,也可以按键盘上【Space】空格键,即无需要按移动样片直接移动。

(5) 移动或复制内部(I)

移动及复制内部在工作区样片的内部资料。

操作方法:

① 选取工具。

② 选取移动内部物件,在选取的样片按一下再选需要移动的内部资料(钮位、图形)或线段移动至所需

要的位置。如需要移动或复制多于一段的内部线段，按选择内部工具，再按移动内部工具至所需要的位置，可以用此方法移动所选的内部资料复制到另一个样片上。

（6）选择内部

用于对内部资料的选择。

（7）旋转纸样（R）

旋转纸样或图形至不同角度。

操作方法：

① 选取工具。

② 选取样片上的固定点（不选点会以样片中心旋转）。移动样片按一下左键，对话框出现，在【角度】或【距离】输入数值按【确定】。注意样片形状不会改变（图 3-9）。

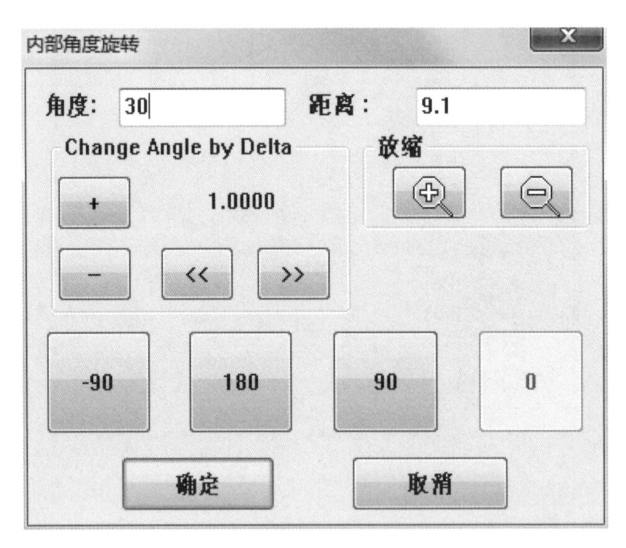

图 3-9

（8）旋转图形或文字

选择图形及图形中心或内部文字。

操作方法：

① 选取工具。

② 指向样本上任何一点作固定位，旋转样片，在对话框内输入角度，按【确定】。

（9）旋转

用作旋转样片、布纹线或内部图形。

操作方法：

① 选取样片。

② 选取工具，出现【旋转纸样或内部】对话框。

③ 拣选对话框内的设定，输入【角度】数值，最后按【按左旋转】或【向左旋转】。

④ 完成后按【确定】（图 3-10）。

（10）旋转线段

修改某线段长度，但保持其他位置尺寸和形状不变。

图 3-10

操作方法：

① 选取工具。

② 选固定点，点 1。

③ 用箭头按点 1，拖移工作链到点 2。

④ 用箭头按点 2 移动，在对话框内输入距离数值，按【确定】(图 3-11)。

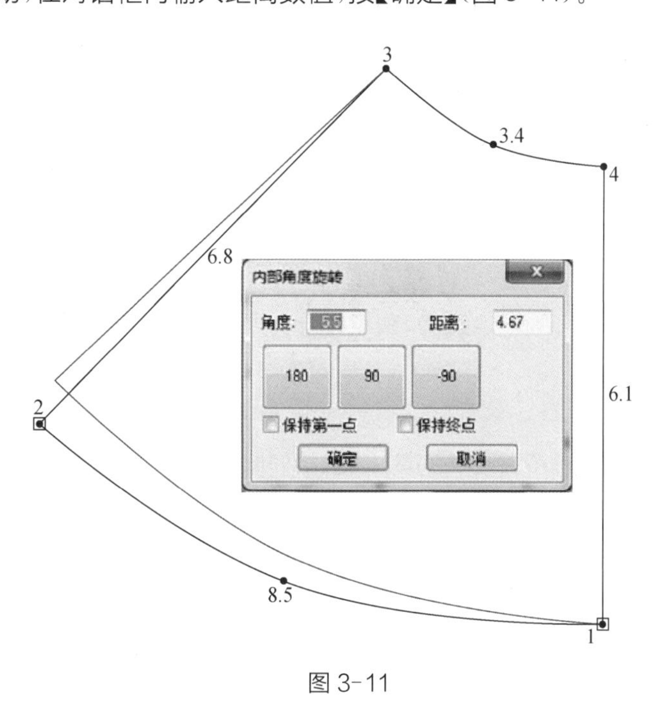

图 3-11

(11) 旋转水平

选择线段旋转样片至水平位置，布纹线保持不变。

(12) 旋转所选线段垂直

选择线段旋转样片至垂直位置，布纹线保持不变。

（13）顺时针方向旋转样片（】）

操作方法：选取工具，在样片上按一下，样片自动往顺时针方向旋转。

（14）逆时针方向旋转样片（【）

操作方法：选取工具，在样片上按一下，样片自动往逆时针方向旋转。

（15）反转水平（Shift + =）

样片作 X 轴水平方向反转。

操作方法：选取工具在样片上按一下，样片自动往水平方向旋转。

（16）反转垂直（=）

样片作 Y 轴垂直方向反转。

操作方法：选取工具在样片上按一下，样片自动往垂直方向旋转。

（17）沿线反转（Ctrl + =）

翻转一块或内部沿着选定的线翻转。

操作方法：

① 选择工具。

② 用箭头指向要反转的线路，再指向要反转的内部资料，按鼠标的左键。如按左键同时再按 Ctrl，可复制反转的资料。

（18）新基线（Ctrl + /）

调整样板布纹线到适当的位置和长度。

操作方法：选取工具，在样片上按一下，可以把偏离样片的布纹线放回样片中心。

（19）旋转至基线（Shift + /）

旋转纸样和布纹线。

操作方法：布纹线在显示器上不是水平摆放，可用该工具，使样片的布纹线水平摆放。

（20）设定基线方向（/）

根据所选线段改变布纹线。

操作方法：选取工具，选取样板的一条线段，布纹线会与所选的线段平行。

（21）设定基线垂直

根据所选线段改变布纹线为垂直。

操作方法：选取工具，选取平行新布纹线的第 1 点，顺时针方向第 2 点，布纹线会与所选的线段垂直。

（22）设定半片（H）

制作两边对称样片，在绘制结构图时通常会只作一半，利用此功能把样片打开成为对称样片（完整衣片）。如果保留对称线则图形保留有对称性质，即对一边的操作，另外一边亦会自动跟随变化。

操作方法：选取工具，在需要打开的线段上按第 1 点，顺时针至第 2 点，线段必须为直线，样片自动打开成完整衣片。

（23）设定对称线（Ctrl + Alt + H）

设定所选线段须知对接纸样线，修改样时对接的一半同时被修改。

操作方法：

① 选取工具。

② 在需要打开的线段上按第 1 点，顺时针至第 2 点，样片上会有虚线表示该纸样是对称的，排唛架时纸

样会自动打开。

(24) 开启半片(Shift + H)

【设定半片】功能的延续，在设定对接的样片上按【开启半片】，样片会自动打开及受保护，样片此时不可以修改。

(25) 交换线段

交替内部线段于图形。

操作方法：

① 在样片上画出需要修改的线段。

② 选取工具，利用箭头在原本线段第 1 点按一下，顺时针方向按第 2 点。

③ 在交替线段 A 点按一下，顺时针方向按 B 点，所选的替代图形会变颜色。

④【交换线段于图形】对话框出现，正确的按【替代】再按【确定】。

⑤ 删除原本线段(图 3-12)。

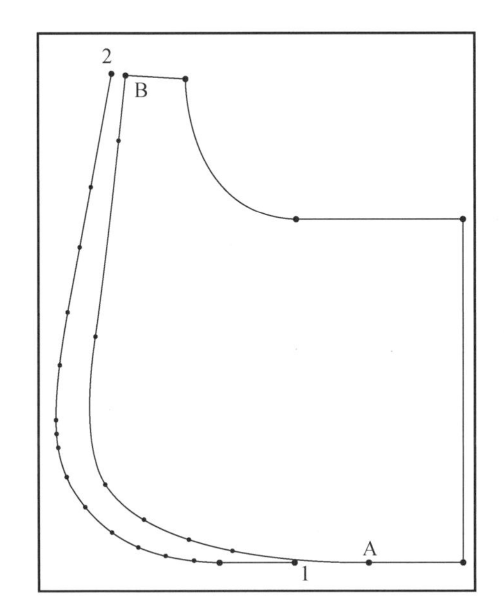

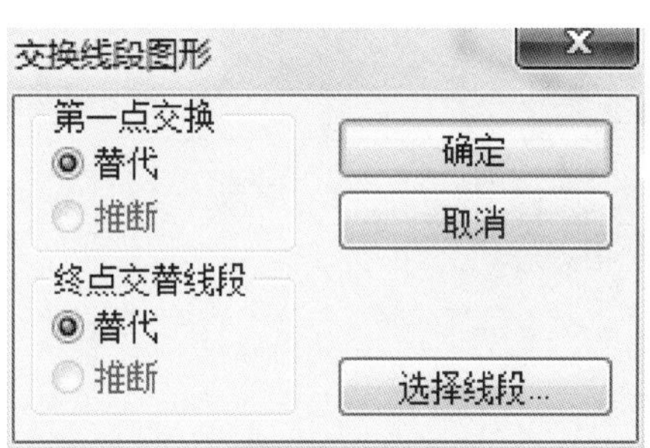

图 3-12

(26) 建立平行(P)

在所选的线段上建立平行内部图形。

操作方法：

① 选取工具，顺时针方向选取要建立平行内部的线段。

②【建立平行线段】对话模型出现。在框内输入尺寸，按【确定】。

距离：输入平行线段距离的数值。

图形距离：输入平行图形距离的数值。

延长第一点及延长最后点：指平行线是否需要延长到第一点和最后点。

(27) 平行延长(Shift + P)

平行延长所选的线段。

操作方法：

① 选取工具，顺时针方向选取需要延长的线段。

② 【平行延长】对话框出现，在框内输入需要延长数值，按【确定】(图 3-13)。

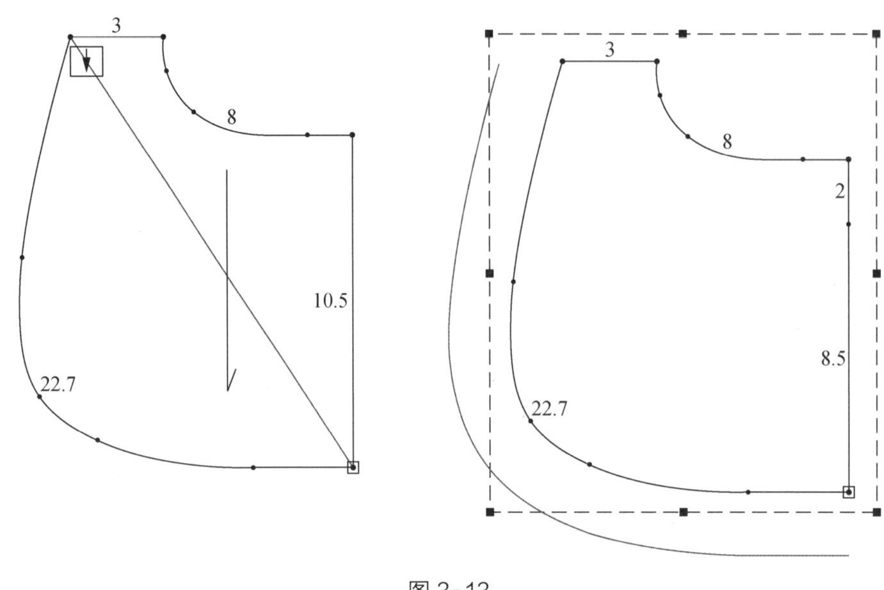

图 3-13

3.4 项目操作

男衬衫号型规格、结构设计步骤分别见表 3-1 和表 3-2 所列。

表 3-1 男衬衫号型规格　　单位：cm

号型	160/80A	165/84A	170/88A	175/92A	180/96A	规格档差
衣长(L)	68	70	72	74	76	2
胸围(B)	102	106	110	114	118	4
肩宽(S)	43.6	44.8	46	47.2	48.4	1.2
袖长(SL)	55	56.5	58	59.5	61	1.5
领围(N)	38	39	40	41	42	1
袖口围	22.4	23.2	24	24.8	25.6	0.8

表 3-2 男衬衫结构设计步骤

图　示	步　骤	命　令	操 作 方 法
front x	前衣片大轮廓	新建 建立矩形纸样	➢ 单击新建按钮，清屏； ➢ 选取【纸样】|【建立纸样】|【建立矩形纸样】，弹出“开长方形”对话框，长度输入 68(衣长 − 4)，宽度输入 26.5(B/3-1)。

（续表）

图　示	步　骤	命　令	操 作 方 法
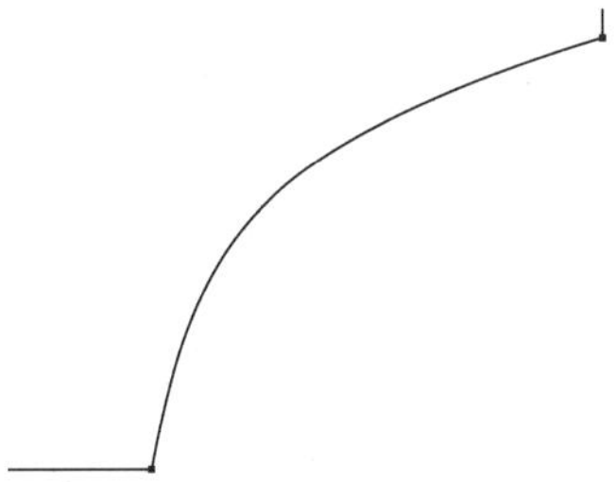	前领窝	线段加点 沿着移动 移动点	➢ 选取“线段加点”命令，在前中线上点击，输入领深 7（N/5－1），选中放码点复选框； ➢ 选取“沿着移动”命令，输入领宽－6.5（N/5－1.5）； ➢ 选取“移动点”命令，按住 Shift 键，拉出领窝形状弧线。
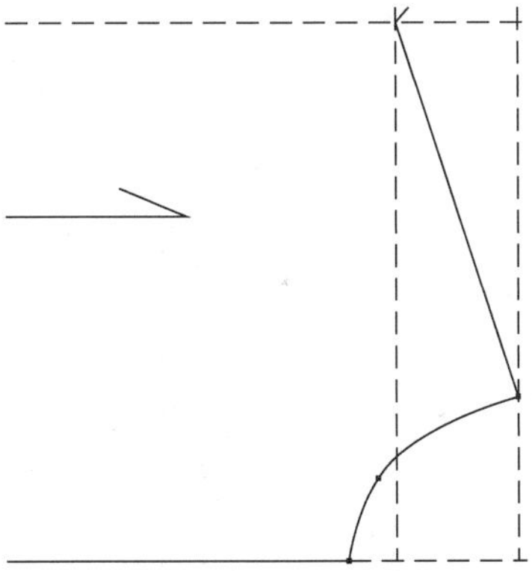	肩斜线	辅助线 移动点	➢ 用鼠标拉出水平辅助线，捕捉到领窝点；按住 Ctrl 键单击该线，输入水平距离 21.5（S/2－1.5），得到前肩宽； ➢ 用鼠标拉出竖直辅助线，捕捉到颈侧点；按住 Ctrl 键单击该线，输入垂直距离－5（B/20－0.5），得到前落肩点的辅助线； ➢ 选取“移动点”命令，在右边的线条上点击并移动到落肩点位置。
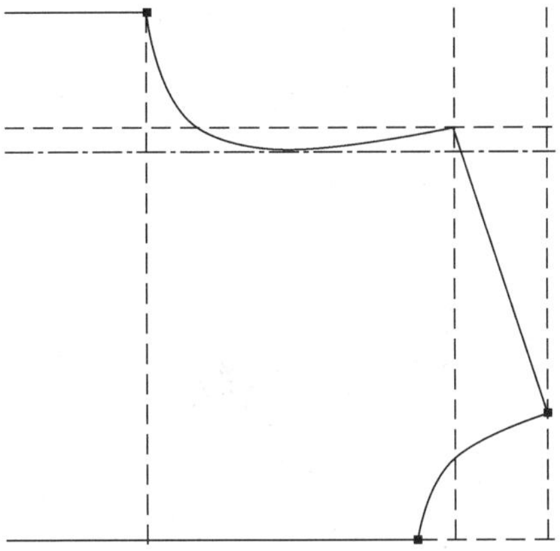	前片袖窿弧线	辅助线 移动点	➢ 按住 Ctrl 键单击过 SP 点的竖直线，输入垂直距离－16.5（B/10＋5.5），得到腋下点； ➢ 按住 Ctrl 键单击过 SP 点的水平线，输入垂直距离－1.3，得到冲肩量； ➢ 选取“移动点”命令，移动样板上的点到腋下点位置； ➢ 选取“移动点”命令，按住 Shift 键，拉出袖窿弧线。
	下摆	多个移动 移动点	➢ 选取“多点移动”命令，将侧缝下摆围点往右移 0.6； ➢ 选取“移动点”命令，按住 Shift 键，拉出下摆围弧线。

（续表）

图　示	步　骤	命　令	操 作 方 法
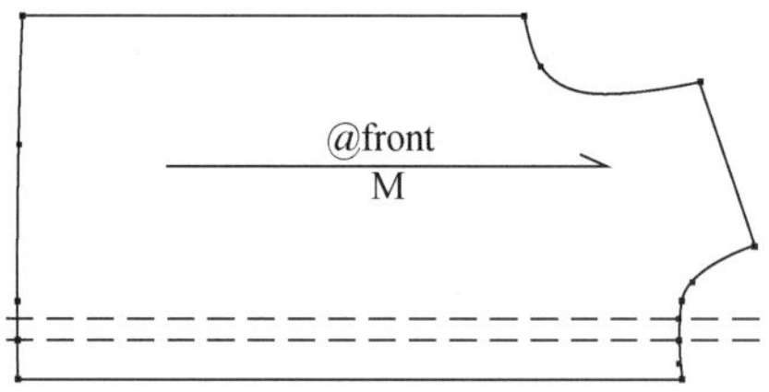 @front M	叠门 挂面	辅助线 移动点 草图 对折打开	➢ 用辅助线找出门襟止口线位置（2 cm），用“移动点”命令从前中线拉出点到门襟止口线的两端点； ➢ 用辅助线找出挂面折叠之后的位置（3.5 cm）；并用“草图”工具在此位置画一条线； ➢ 选取“对折打开”命令，将折叠进去的挂面打开。
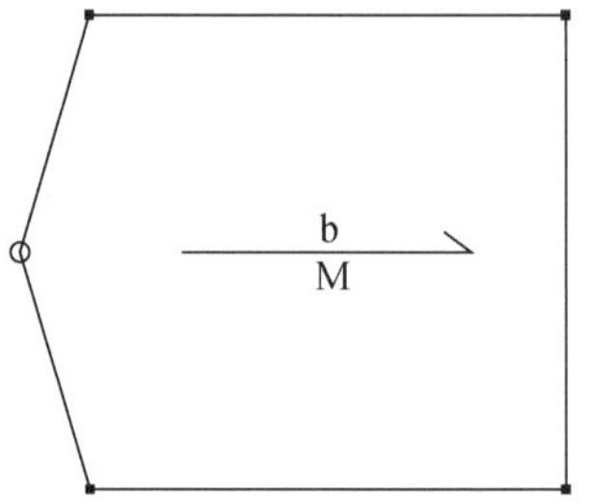 b M	口袋	辅助线 草图 复制内部图转至纸样 线段加点 多个移动	➢ 用辅助线在前衣片上画出口袋定位； ➢ 选取“草图”命令，画出口袋（宽 11.5× 长 13），口袋距胸宽线 3.5，胸围往上 3； ➢ 选中内部，选取【设计】|【内部到纸样/纸样到内部】|【复制封闭内部至纸样】命令，得到口袋的大致样板； ➢ 选取“线段加点”命令，在口袋下边加中点； ➢ 选取“多个移动”命令，将该中点下移 1.5。
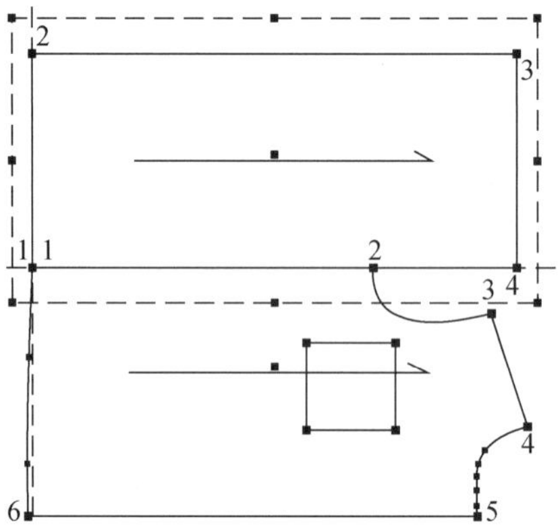 2 3 1 1 2 3 4 4 6 5	后衣片大轮廓	辅助线 选择工具	➢ 选取【纸样】|【建立纸样】|【建立矩形纸样】命令，弹出“开长方形”对话框，长输入 69（衣长 − 6），宽输入 28.5（B/4 + 1）； ➢ 用选择工具，将后片与前片靠在一起。
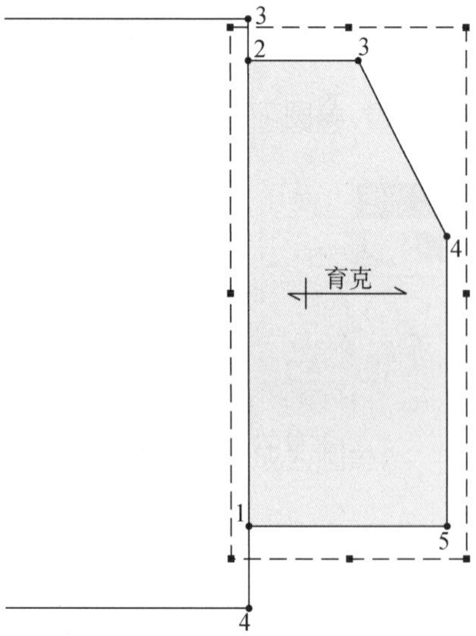 3 2 3 4 育克 1 5 4	育克大轮廓	辅助线 线段加点 多个移动	➢ 选取【纸样】|【建立纸样】|【建立矩形纸样】命令，弹出“开长方形”对话框，长输入 10（5.5 + 4.5），宽输入 22.5（S/2 − 0.5）； ➢ 将此长方形靠近后片大轮廓，其中后中线下落 2，或用线段加点工具； ➢ 选取“线段加点”命令，添加后横开领宽 8.5（N/5 + 0.5）； ➢ 选取“多个移动”命令，输入后领口深 4.5。

（续表）

图　示	步　骤	命　令	操作方法
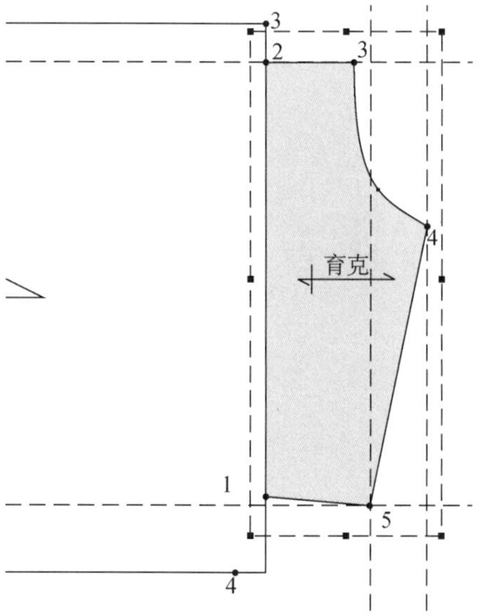 育克	后领窝 后冲肩	移动点 延伸图形	➢ 选取“移动点”命令，按住Shift键，拉出后领窝形状； ➢ 拉出过后中线的辅助线，按住Ctrl键单击该线，输入S/2(－23)，得到肩宽所在位置； ➢ 拉出过颈侧点的竖直辅助线，按住Ctrl键单击该线，输入－3.5，得到落肩线； ➢ 选取“移动点”命令，将点5移到上述两线交点处。
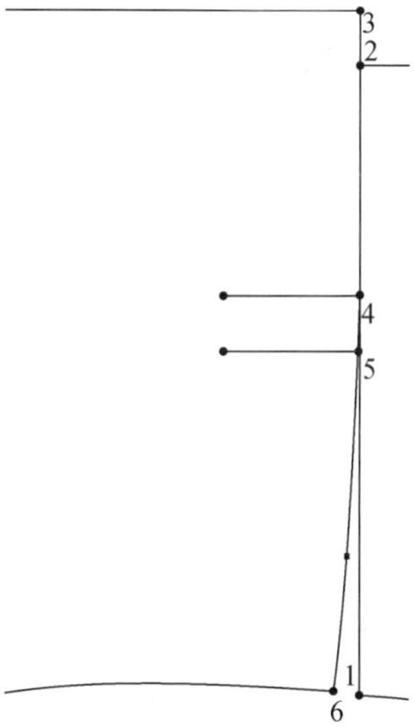	后片袖窿弧线 后片育克分割线	线段加点 移动点	➢ 选取“线段加点”命令，在腋下点处添加一点； ➢ 选取“移动点”命令，将矩形右下端的点移动到育克的左下点处； ➢ 选取“移动点”命令，按住Shift键，拉出后袖窿形状； ➢ 选取“线段加点”命令，在袖窿线上点击，输入1，得到一点；用Delete键将后片与育克重复点删除； ➢ 选取“移动点”命令，按住Shift键，拉出后袖窿形状； ➢ 用“草图”工具做裥位，裥宽度2，长度5，裥下方位置位于线条的中点。
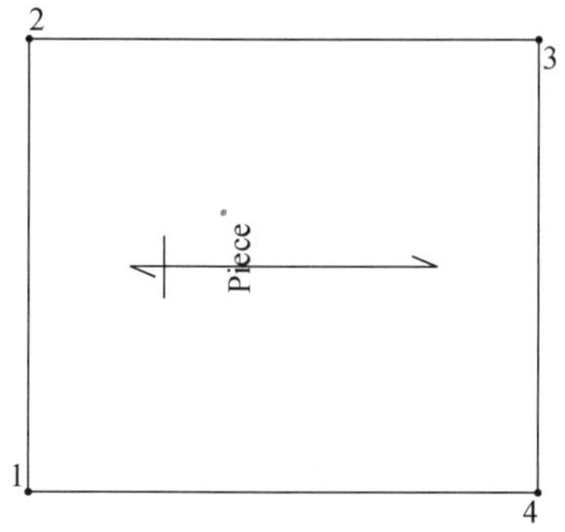 Piece	袖片大轮廓	建立矩形纸样	➢ 选取【纸样】|【建立纸样】|【建立矩形纸样】命令，弹出“开长方形”对话框，长输入52，宽输入45。

（续表）

图 示	步 骤	命 令	操 作 方 法
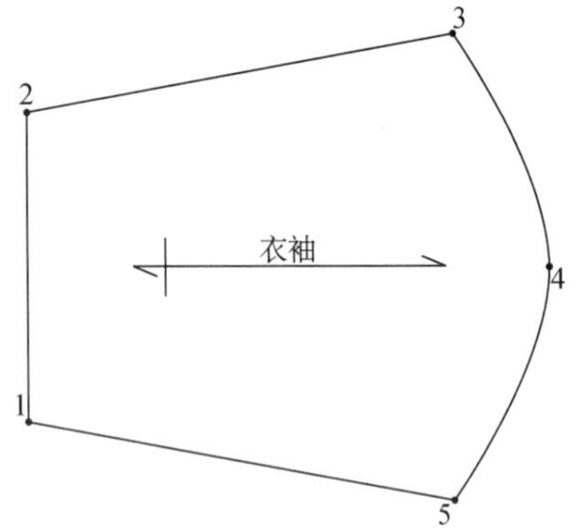 衣袖 1 2 3 4 5	袖中线 袖山高 袖口大小	线段加点 沿着移动	➢ 选取“线段加点”命令，找出袖山和袖口的中点； ➢ 选取“沿着移动”命令，将袖肥点移动到袖山底线位置 B/10－1.5(9.5)； ➢ 选取“沿着移动”命令，将点 2 向下、点 1 向上各自移动 7.5，得到袖口围 28(24＋4)；
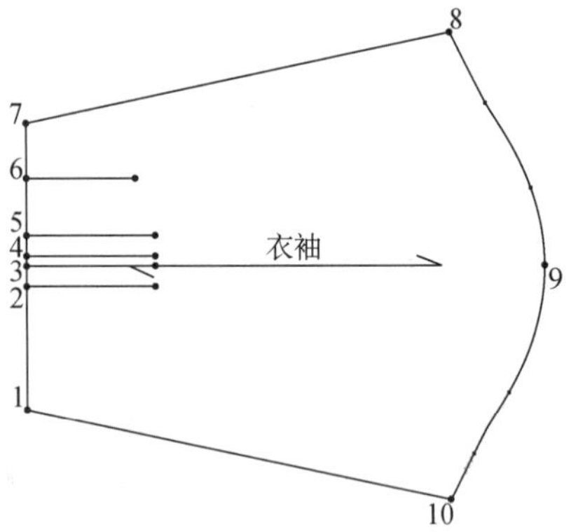 衣袖 1 2 3 4 5 6 7 8 9 10	袖山线 袖裥位	草图 移动点 草图	➢ 选取“线段加点”命令，在袖口加一个中点放码点作为下裥的一个端点，然后在该点下端距离 2 加另一个端点； ➢ 同样，在中点往上 1 处加一个放码点，再在这点上面 2 处加一放码点，得到另一个裥的两端点； ➢ 上裥的上端点与袖口端点的中点处为袖衩位置； ➢ 选取“草图”工具，画出裥和袖衩，裥长 11，衩长 13； ➢ 选取“移动点”命令，拉出袖山弧线形态。
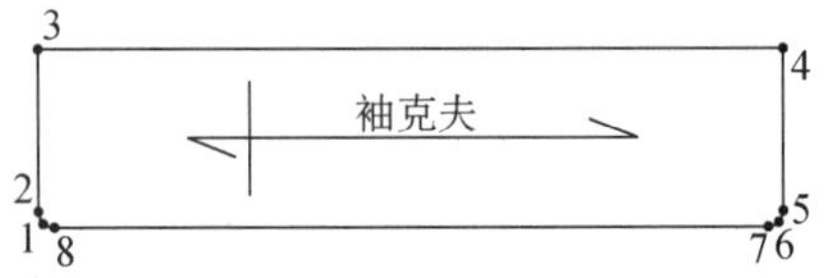 袖克夫 1 2 3 4 5 6 7 8	袖克夫	建立矩形纸样 圆角	➢ 选取【纸样】|【建立纸样】|【建立矩形纸样】命令，弹出“开长方形”对话框，长输入 26(袖口围＋2)，宽输入 6(袖克夫宽)； ➢ 选取“圆角”工具，对下面两点做圆角处理，半径输入 0.5。
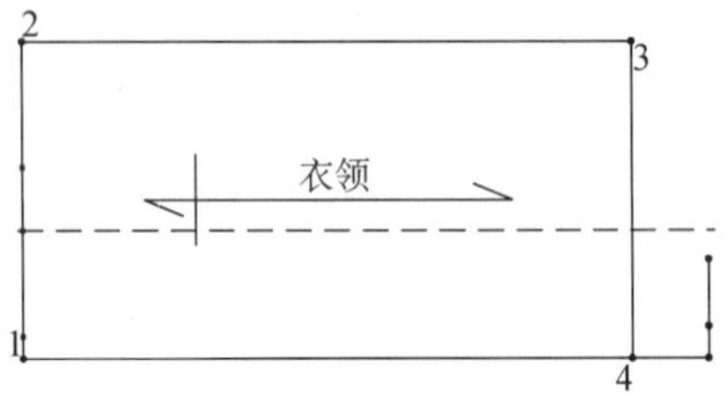 衣领 1 2 3 4	衣领大轮廓	建立矩形纸样 线段加点 草图	➢ 选取【纸样】|【建立纸样】|【建立矩形纸样】命令，长输入 N/2＝20，宽输入 10； ➢ 选取“线段加点”命令，在后中线上找出 0.7、4、6 的点，并画出过 4 的水平辅助线； ➢ 选取“草图”命令，画出底领领嘴处的基础位置，矩形右下端点往右 2.5，再往上 1，接着往上 2.1。

（续表）

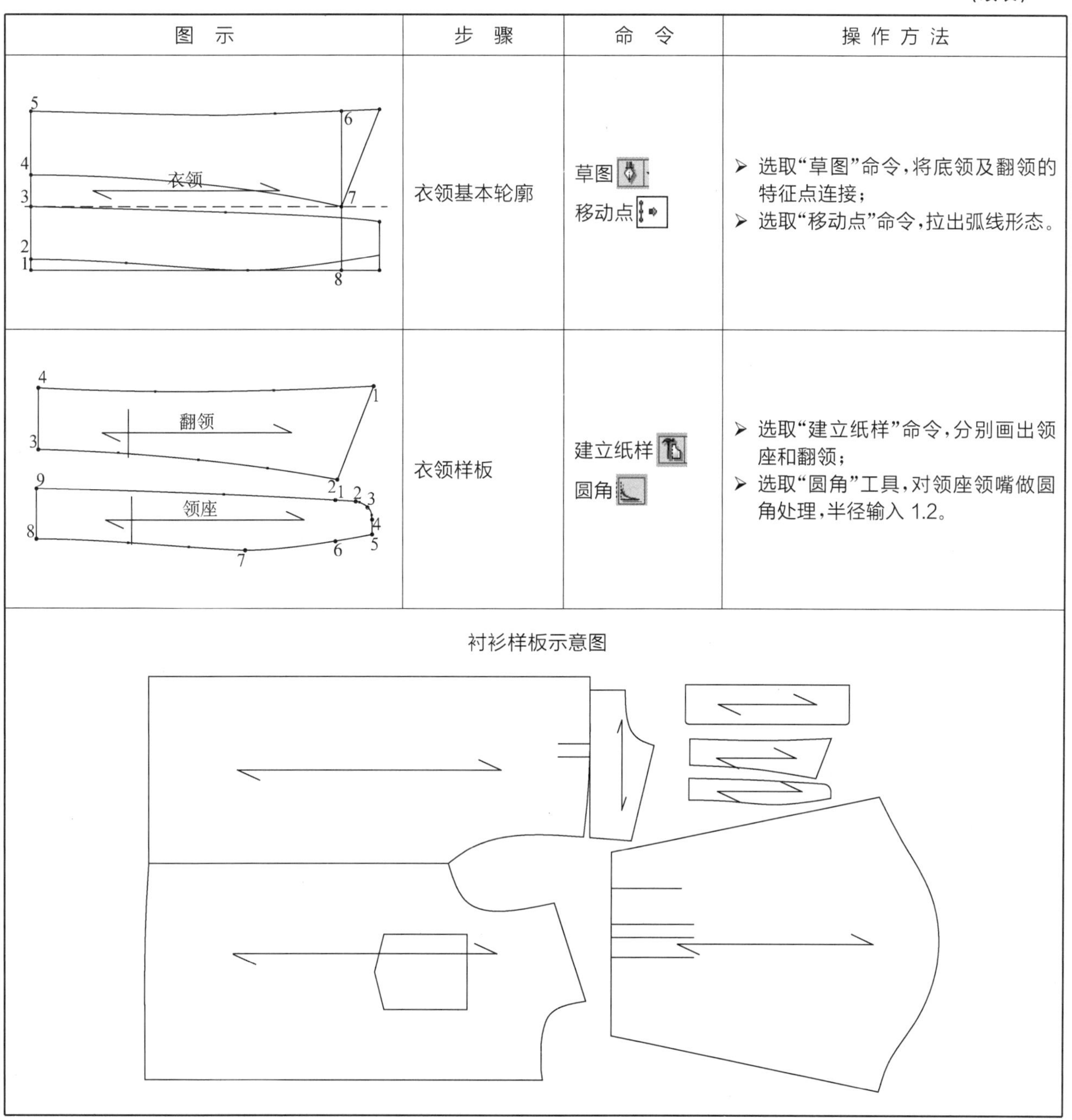

图　示	步　骤	命　令	操 作 方 法
	衣领基本轮廓	草图 移动点	➢ 选取“草图”命令，将底领及翻领的特征点连接； ➢ 选取“移动点”命令，拉出弧线形态。
	衣领样板	建立纸样 圆角	➢ 选取“建立纸样”命令，分别画出领座和翻领； ➢ 选取“圆角”工具，对领座领嘴做圆角处理，半径输入 1.2。

衬衫样板示意图

项目 4　男西裤 CAD 打板、放码

4.1　项目描述

本项目在软件部分主要介绍放码系统的尺码设置、放码值设置以及放码后的检查等操作方法。

男西裤是男装中典型的款式之一，该款式的制图过程包含了大多数服装款式涉及到的技术问题。本项目选择男西裤作为实训内容，学生通过对 PGM 服装 CAD 软件放码系统的学习，完成本项目任务，并提高使用服装 CAD 进行放码的操作技能。

4.2　项目目标

1. 知识目标

了解尺码表建立方法，掌握放码前的设置要求，了解男西裤的放码方法，掌握放码编辑处理工具的操作方法。

2. 技能目标

能够较好地完成男西裤结构图绘制和放码。

3. 素质目标

培养学生利用 PGM 服装 CAD 系统绘制服装结构图的能力和利用计算机推档的能力，为复杂款式的结构图绘制和放码打下基础。

4.3　软件讲解

放码，又称为推档，是服装工业生产中非常重要的一项工作。

PGM 服装 CAD 的放码基于平面直角坐标操作，每个放码点都有其 X 值和 Y 值，所有的放码命令都可以在图形上显示出来。

选取一个放码点时，它的值就会显示在放码表中。放码值也可用于内部物件钮位和线条的放码。

一、放码菜单

放码菜单包含有尺码表、排点等命令，其中大多数都可以在放码工具栏中找到（图 4-1）。

（1）尺码表

样板在没有设置尺码之前，只有一个尺码，在推档之前要设置好尺码（图 4-2）。

选取【放码】|【尺码表】命令，弹出“尺码表”对话框。通过插入尺码、附加尺码、删除尺码和更改尺码次序对尺码表进行编辑，例如：输入 XS、S、M、L、XL 等号码，点击颜色框，为不同尺码确定颜色，确定所使用线的类型和线的厚度（粗细）。

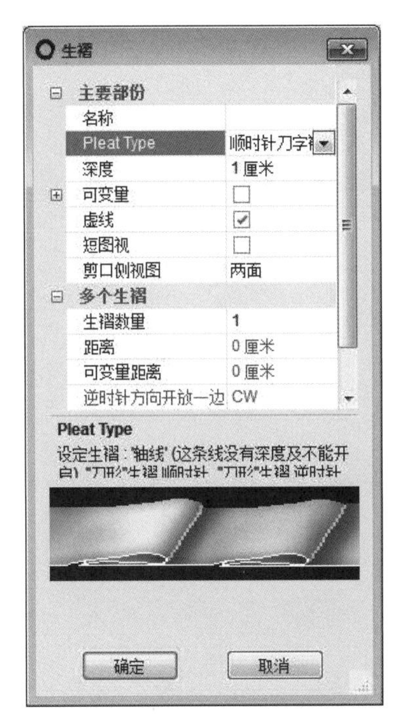

图 4-1

接下来是选择一个尺码作为基码，可以选择最大码，也可以选择最小码，为了减小误差，一般是选取中间码为基码。

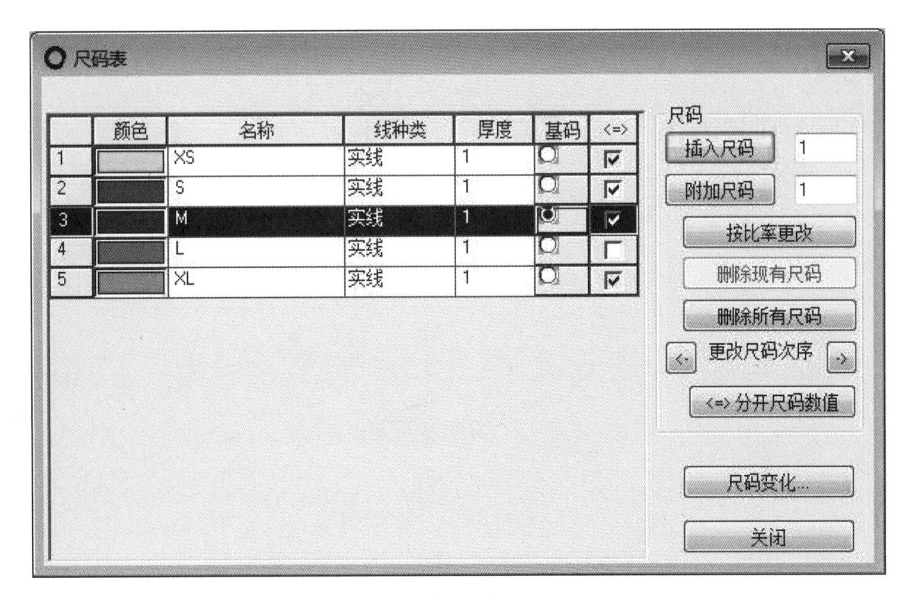

图 4-2

（2）平行放码

选定放码点平行放码。

操作方法：

① 选定需要平行放码点。

②【放码】|【特别放码】|【平行放码】，出现对话框输入正确数值（图 4-3）。

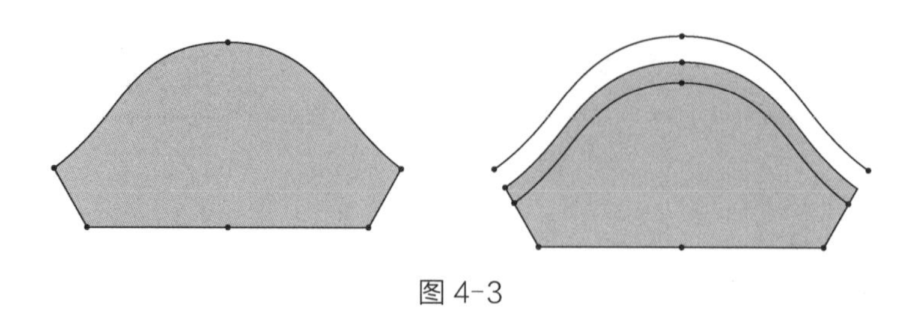

图 4-3

（3）依据缝份放码

选定一片样片依据缝份宽度放码。

操作方法：

① 对需操作的样板加缝份。

②【放码】|【特别放码】|【依据缝份放码】，完成放码（图 4-4）。

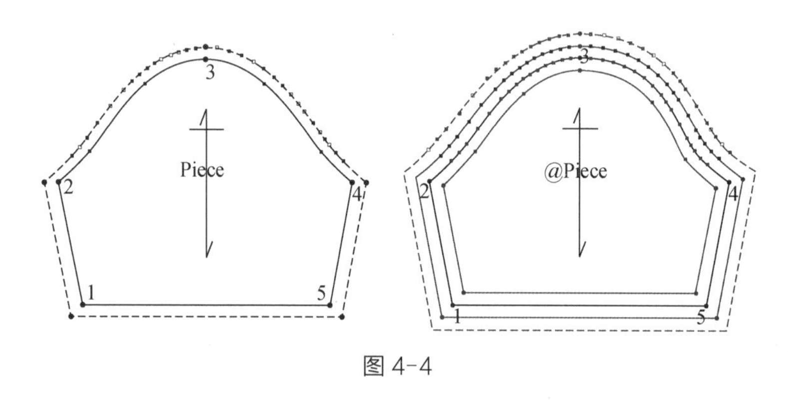

图 4-4

（4）伸展放码

任意内部点延伸放码（图 4-5）。

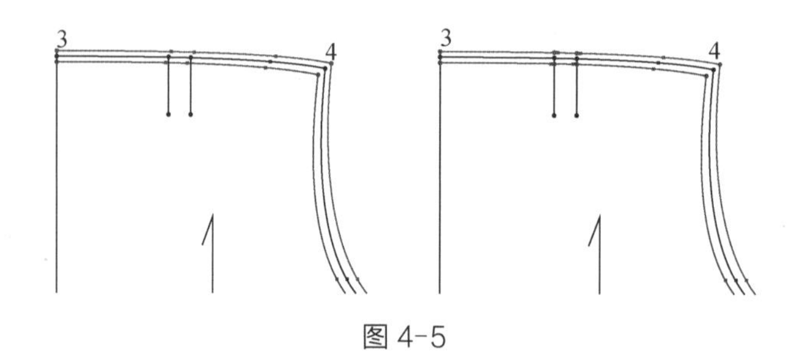

图 4-5

二、放码工具栏

放码工具栏有复制放码、粘贴放码、角度等放码基本工具（图 4-6）。

图 4-6

（1） 向之前点/向下一点

从当前点顺时针选择下一点或逆时针从当前点选择下一点设置其放码值。

(2) 复制放码/粘贴放码（Shift + C/Shift + V）

将一个放码点DX和DY数值复制，粘贴到另一个放码点上。复制一个放码点数值可以粘贴几个相同的放码点。

操作方法：

① 选取要复制的放码点，再点复制功能。

② 选取要粘贴的放码点，再点粘贴功能。

(3) 粘贴相关

在粘贴相关点时，放码数值会自动调整正负值。

(4) 粘贴X放码值/粘贴Y放码值

只粘贴DX放码值或只粘贴DY放码值。

(5) 贴上周围(D)

显示内部对象范围盒，使用选择工具，勾选允许纸样比例复选框，粘贴对角线放码数值。

(6) 比例放码

平均放码两个点之间距离，相当于跟随放码。

操作方法：

① 点击指定放码点(参考的两个放码点)。

② 再顺时针从第一点开始，到最后一点。

当在点击放码点时，按【Ctrl】只放X值，按【Ctrl + Shift】只放Y值(图4-7)，选取比例放码工具，先点击第一个参考点(点3)，然后点击第二个参考点(点5)，再依次点击点4等，点4等则依据点3与点5的放码情况进行放码(图4-7)。

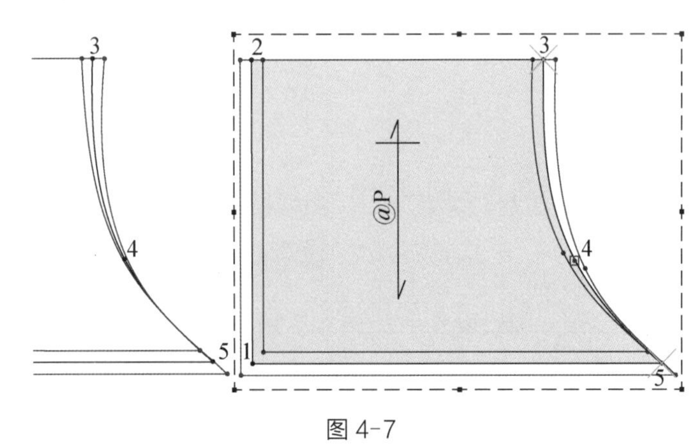

图4-7

(7) 清除放码

将已放码的数值清除。

(8) 排点

以X或Y轴作参考点对齐所有样片，以检查样片放码数值。要返回原来初始位置，点基线作参考对齐即可。

(9) 移动点

单独移动一个尺码的放码点的X和Y数值。

操作方法：

① 选择工具。

② 指向需要修改的放码点，按左键移动放码点，出现对话框输入需要更改的数值。

注意：更改点必须是放码点，弧线点是不能够修改的。

（10）沿着尺码移动

单独移动一个尺码的放码点。只能按尺码的方向移动。

操作方法：

① 选择工具。

② 指向需要修改的放码点，按左键移动放码点，出现对话框输入需要更改的数值。

注意：更改点必须是放码点，弧线点是不能够修改的。

（11）按比例移动尺码

单独移动一个尺码的放码点。可以移动两个放码点之间的线段。

操作方法：

① 选择工具。

② 按鼠标左键拖拉选择两个需要移动的放码点，移动到所需位置，再次单击鼠标固定点，出现对话框，输入更改数值，按【确定】。

（12）按平行移动尺码

单独平行移动放码点。用于档差相等的放码点的修改操作。

操作方法：

① 选择工具。

② 按鼠标左键拖拉选择两个需要移动的放码点，移动到所需位置，再次单击鼠标固定点，出现对话框，输入更改数值，按【确定】。

4.4 项目操作

男西裤是男装中典型的款式之一，是男装的典型服装品种，是服装专业人员必须掌握的男装款式。

一、男西裤结构设计

男西裤号型规格、结构设计步骤分别见表 4-1 和表 4-2 所列。

表 4-1 男西裤号型规格

单位：cm

号型	165/72A	170/74A	175/76A	档差
腰围	74	76	78	2
裤长	100	103	106	3
臀围	102	104	106	2
脚口围/2	23.5	24	24.5	0.5
直裆大	29.4	30	30.6	0.6
横裆大	66.7	68	69.3	1.3

表 4-2　男西裤结构设计步骤

图　示	步　骤	命　令	操 作 方 法
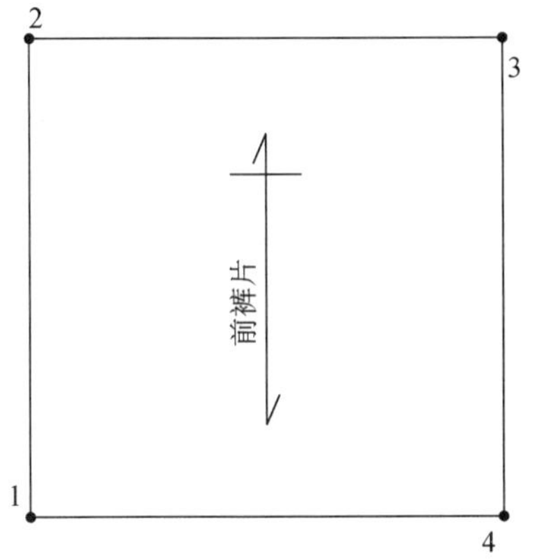 前裤片	前裤片大轮廓	新建 建立矩形纸样	➢ 单击新建按钮，清屏； ➢ 选取【纸样】|【建立纸样】|【建立矩形纸样】，弹出“开长方形”对话框，长度输入 25（H/4 − 1），宽度输入 24.75[（L − 4）/4]。
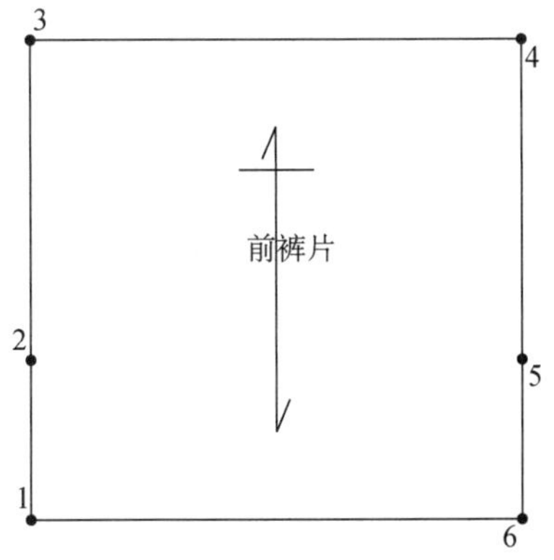 前裤片	臀围点	加点/线于线…… 线段加点 Delete 键	➢ 选取“线段加点”命令，在点 1 与点 2 之间单击，在弹出“移动点”对话框中，比例的下一步框中输入 0.333，得到臀围线的一点。同理，画出另一个点。将这两个点都设置为放码点、弧线点。
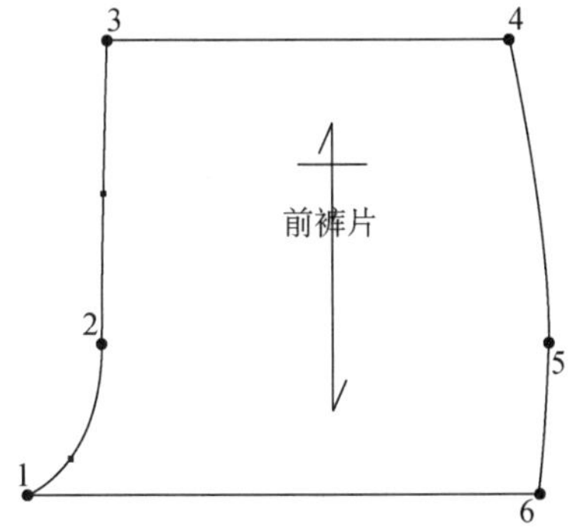 前裤片	小裆 横裆的侧缝点 腰	多个移动 沿着移动 线段加点 移动点	➢ 选取“多个移动”命令，框住＃1 点，单击点 1 并往左拖移并点击，弹出“所选矩形移动点及内部”对话框，x 坐标框输入 − 4（0.4H/10），得到小裆点； ➢ 选取“沿着移动”命令，单击＃6 点（上图）点往左移动并单击，弹出“沿着图形移动点”对话框中，“距离”框输入 0.5； ➢ 同上，将＃3 点往右移动 0.5； ➢ 选取“线段加点”命令，在腰线线段上单击，弹出“移动点”对话框，选中放码点复选框，之前点输入框里输入 22.5(W/4 − 1 + 1.5 + 3)，点的属性为放码点、非弧线点。并将原＃4 点删除。 ➢ 选取“移动点”工具，调整裆线形态。

（续表）

图　示	步　骤	命　令	操 作 方 法
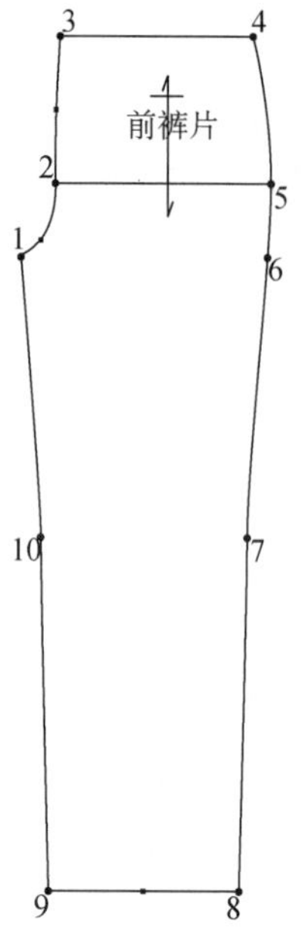 3 4 前裤片 2 5 1 6 10 7 9 8	挺缝线 脚口	线段加点 多个移动 辅助线 圆形 移动点	➢ 选取“线段加点”命令，在横裆线线段上单击，弹出“移动点”对话框，在比例输入框中输入 0.5，得到挺缝线上的一点； ➢ 选取“多个移动”命令，将上步所得到的中点，下移 71(L－25－4)； ➢ 拉出过脚口中点的横向的辅助线； ➢ 选取“圆形”命令，点击脚口中点，画出半径为 11 的辅助圆； ➢ 选取“移动点”命令，分别在内裆缝线和侧缝线上单击并拖动到辅助线与辅助圆的交点上，得到两点； ➢ 分别双击这两点，弹出“点特性”对话框，选中放码点复选框。
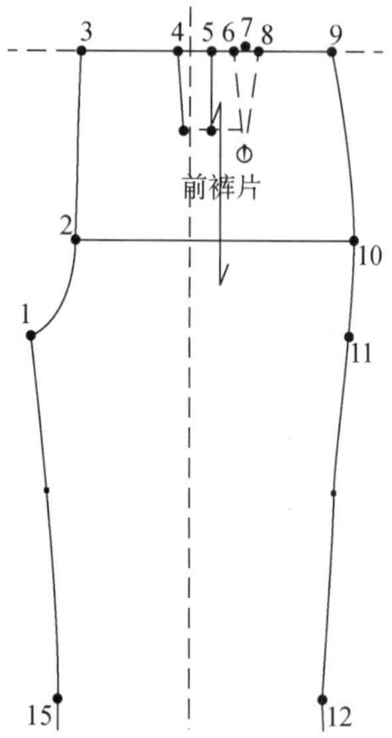 3 4 5 6 7 8 9 前裤片 2 10 1 11 15 12	中档 内裆缝弧线 侧缝弧线 小裆弧线 腰省 腰裥	线于钮位上 多个移动 圆形 移动点 草图 线段加点 死褶	➢ 选取“线于钮位上”命令，找出臀围线与脚口线的中点； ➢ 选取“圆形”命令，点击该中点，圆心 Y 坐标偏离 4，画出半径为 12 的辅助圆； ➢ 选取“移动点”命令，分别在内裆缝线和侧缝线上单击并拖动到辅助线与辅助圆的交点上，得到中裆的两点； ➢ 选取“移动点”命令，按住 Shift 键，拉出内裆缝弧线、侧缝弧线、小裆弧线。 ➢ 选取“草图”命令，画出腰裥位置，大小 3； ➢ 选取“线段加点”命令，标出省道的位置，大小 2； ➢ 选取“死褶”命令，画出省道，省长 10。

（续表）

图　示	步　骤	命　令	操 作 方 法
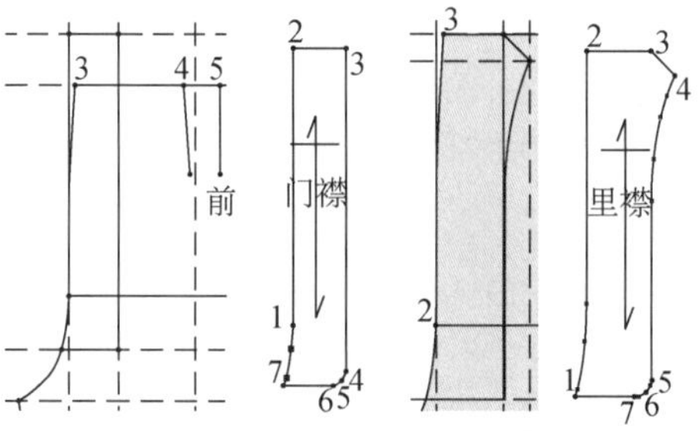	门襟 里襟	辅助线 草图 建立纸样 圆角	➢ 拉出过横裆线的辅助线，画出往上 4 的辅助线； ➢ 拉出过腰线的辅助线，画出往上 4 的辅助线； ➢ 拉出过裆部臀围点的辅助线，画出往右 4 的辅助线； ➢ 选用“草图”工具，过门襟特征点画出门襟； ➢ 选用“建立纸样”工具，依次单击构成门襟的区域，得到门襟初样； ➢ 选用“圆角”工具，将初样右下角圆角，半径 1； ➢ 同理，画出里襟。在腰节处位置往右往下做 1.5 处理。
	后裤片大轮廓	新建矩形	➢ 选取【纸样】|【建立纸样】|【建立矩形纸样】命令，弹出“开长方形”对话框，长度输入 27（H/4 + 1），宽度输入 24.75［（L − 4）/4］。
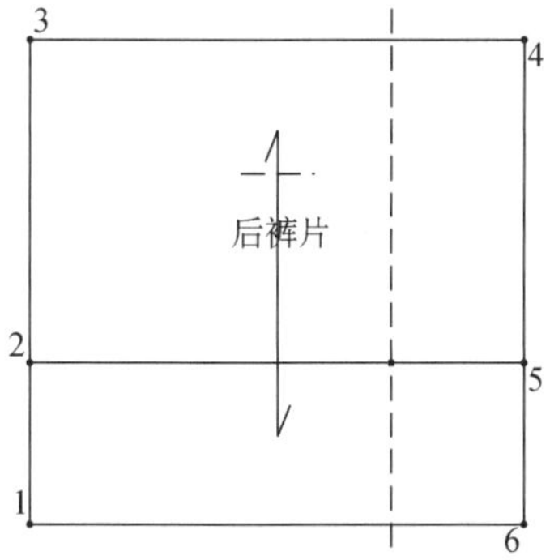	臀围线 挺缝线	线段加点 草图 线段加点 选择	➢ 选取“线段加点”命令，找出臀围线的两个点（处于线段下端 1/3 等分处）； ➢ 选取“草图”命令，过上述两个臀围点画出臀围线； ➢ 选取“线段加点”命令，在臀围线上单击，弹出“移动点”对话框，之前点输入框中输入 19（H/5 − 1），得到一点； ➢ 拉出一条过该点的竖直的辅助线，即为后片挺缝线。
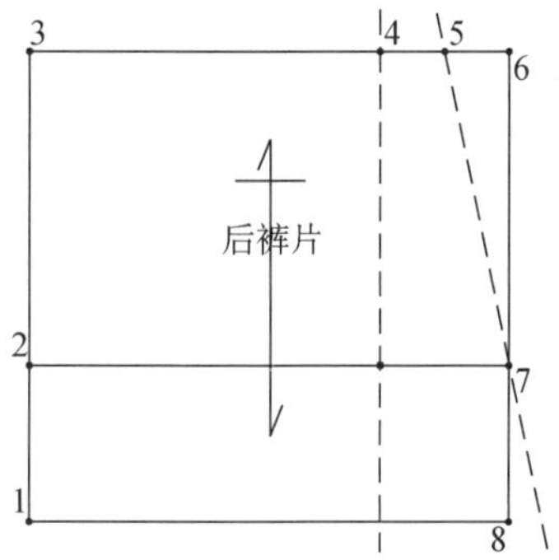	大裆斜线	线段加点 辅助线 平行辅助线	➢ 选取“线段加点”命令，在竖直辅助线与＃2、＃3 线交点处添加一点； ➢ 选取“线段加点”命令，在该点与右上角的点之间再添加一中点； ➢ 顺时针选取此中点和臀围线与右边竖直线交点，选取【纸样】|【平行辅助线】命令，画出过此中点和臀围线与右边竖直线交点的辅助线。

（续表）

图　示	步　骤	命　令	操 作 方 法
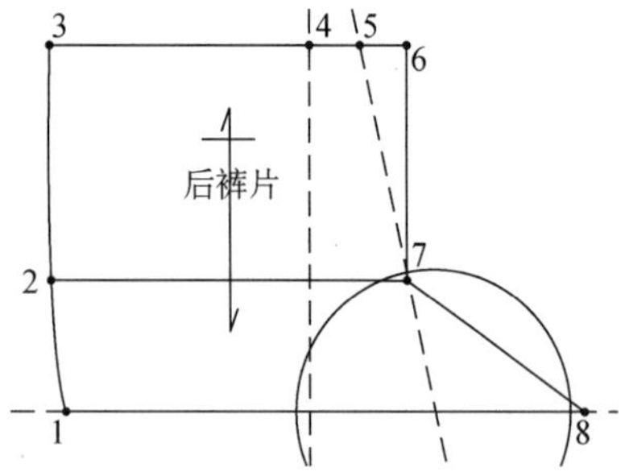	落裆线 大裆位置	多个移动 辅助线 圆形 移动点	➢ 选取“多个移动”命令，框选＃1点和＃7点，在弹出的对话框的Y坐标输入框中输入－1，得到落裆线； ➢ 拉出过落裆线的辅助线； ➢ 选用“圆形”命令，画一个半径为10(H/10)的圆； ➢ 选用“移动内部”工具，将该圆的圆心移动到落裆线与裆斜线交点，找到大裆点的位置； ➢ 选取选取“移动点”命令，将＃7点移到大裆点所在位置； ➢ 选取“多个移动”命令，框选＃1，将其向右移动1。
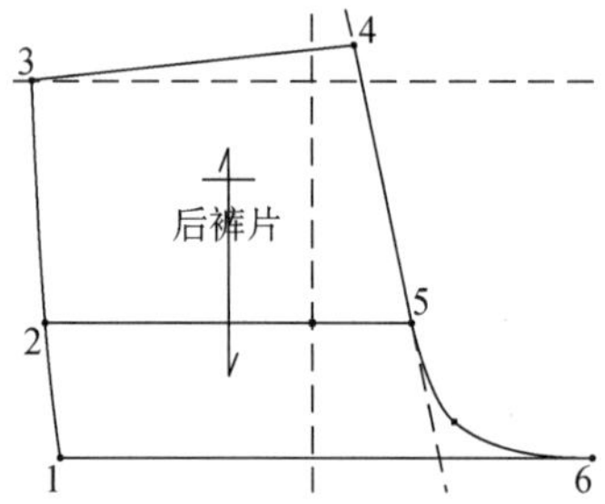	后片起翘 腰线	Delete 延伸图形 移动点 圆形	➢ 选中＃6点，用Delete键将其删除； ➢ 选中裆斜线，选取“延伸轮廓”命令，画出2.5的起翘； ➢ 选取“移动点”命令，将后腰中点移动到起翘后的位置，并将多余的点及内部线删除掉； ➢ 选取“圆形”命令，以起翘点为圆心，以23(W/4＋1＋3)为半径画圆，找出腰的位置； ➢ 选取“移动点”命令，将后腰侧缝点移动到上平线与圆的交点； ➢ 选取“移动点”命令，按住Shift键，拉出大裆弯曲线。
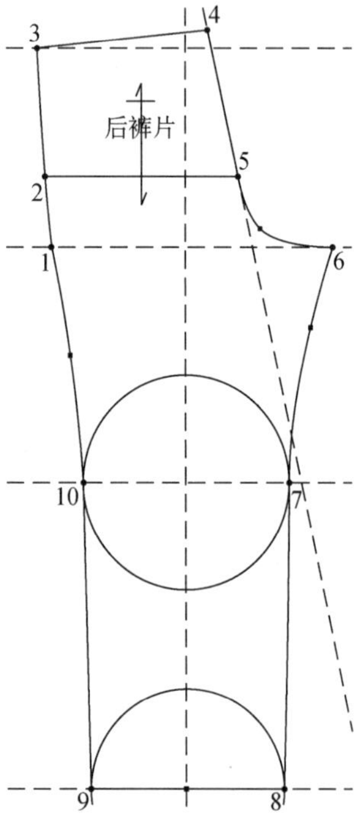	做脚口 做中裆	线段加点 多个移动 辅助线 移动点 圆形	➢ 选取“线段加点”命令，在落裆线与挺缝线交点处加一点； ➢ 选取“多个移动”命令，将上述点下移70(L－25－4－1)，并拖出过该点的水平辅助线； ➢ 选取“圆形”命令，画出过该点的圆，半径为13； ➢ 选取“移动点”命令，分别在内裆缝线和侧缝线上拖出一点并放到辅助线与圆的交点上，并通过“点特性”，将这两点改为放码点； ➢ 与前片一样找出中裆线所在位置，并画出半径为14的圆，拖出中裆线的辅助线； ➢ 选取“移动点”命令，分别在内裆缝线和侧缝线上拖出一点放到中裆线与圆的交点上； ➢ 选取“移动点”命令，按住Shift键，将内裆缝及侧缝拉出圆滑的弧线。

（续表）

图　示	步　骤	命　令	操 作 方 法
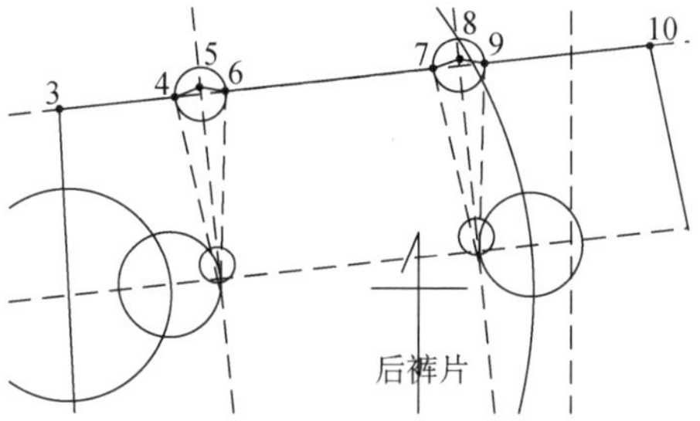 3 4 5 6 7 8 9 10 后裤片	确定袋位 做省	平行辅助线 多个移动 圆形 草图	➢ 顺时针选腰线，选取【纸样】|【辅助线】命令，画出过腰线辅助线；按 Ctrl 键单击该线，画出过后袋位的辅助线（－7）； ➢ 选取“圆形”命令，以 4、18 为半径找出袋位的位置； ➢ 以袋位两端点为圆心，以 2 为半径找出省尖的位置； ➢ 画出过省尖位置的垂直于腰线的辅助线，用圆（半径为 1）并找出省道的端点； ➢ 选取“死褶”命令，画出省道，省道长度 7.5。
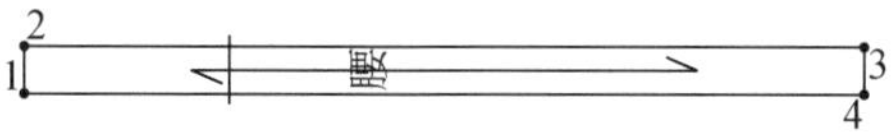 1 2 3 4 腰	做腰	新建纸样	➢ 选取【纸样】|【建立纸样】|【建立矩形纸样】命令，长输入 76，宽输入 4。

男西裤样板示意图

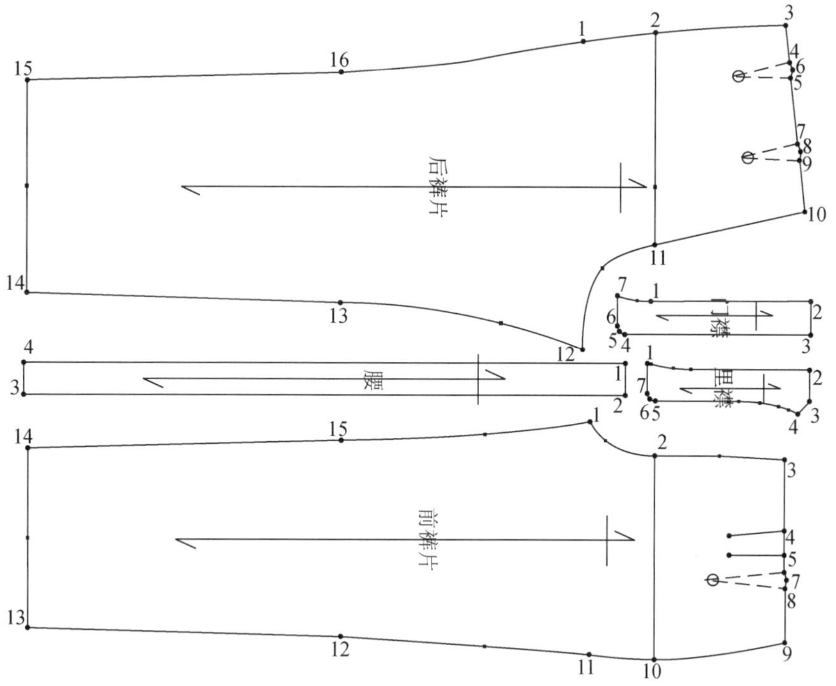

后裤片：1 2 3 4 5 6 7 8 9 10 11 12 13 14 15 16

门襟：1 2 3 4 5 6 7

腰：1 2 3 4

里襟：1 2 3 4 5 6 7

前裤片：1 2 3 4 5 7 8 9 10 11 12 13 14 15

二、男西裤放码

男西裤号型规格、放码步骤见表 4-1 和表 4-3 所列。

表 4-3　男西裤放码步骤

图　示	步　骤	命　令	操 作 方 法
	打开放码表	Ctrl + F4	➢ 按快捷键 Ctrl + F4，打开“放码表”对话框。

（续表）

图 示	步 骤	命 令	操 作 方 法
	设置样板的尺码	尺码	➢ 选取【放码】|【尺码】命令，弹出“尺码”对话框，将当前码改为 M 码，通过“插入”、“附加”添加 S、L 码，完成尺码设置； ➢ 设定 M 码为基本码。
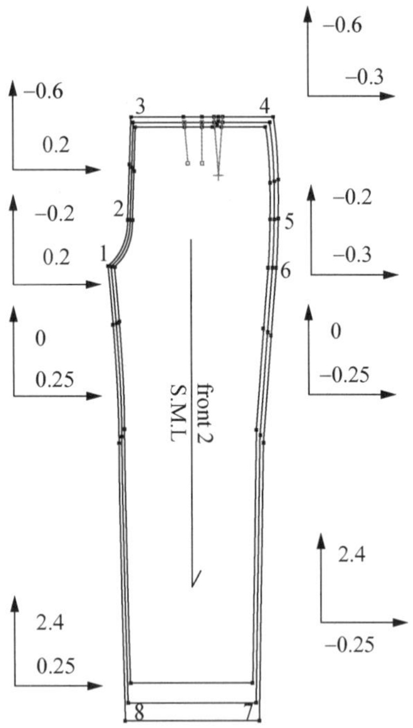 -0.6 -0.3 -0.6 0.2 3 4 -0.2 2 5 -0.2 0.2 1 6 -0.3 0 0.25 0 -0.25 front 2 S.M.L 2.4 2.4 0.25 -0.25 8 7	设置前裤片的放码值	复制、粘贴、粘贴 x 值、粘贴 y 值  dx、dy dx dy	选取某个放码点，出现直角坐标，以及该点的 dx、dy 值的输入框。 ➢ 点取＃1 点，在最小号输入框中 尺码 dx dy S 0.25 0 输入 dx＝－0.5，dy＝0； ➢ 选中 dx 列，点击鼠标右键，弹出菜单，选取“全部相等”命令； ➢ 选中 dy 列，点击鼠标右键，弹出菜单，选取“全部相等”命令， 尺码 dx dy S 0.25 0 M 0 0 L -0.25 0 完成了＃1 点的放码值的设置； ➢ 其他点的放码值的设置类似。 也可以通过复制、粘贴、粘贴 X 值、粘贴 Y 值等命令提高设置放码值的效率。
-0.6 -0.6 0.4 3 4 -0.1 -0.2 5 -0.2 2 -0.1 0.4 1 6 0 0 0.4 -0.3 back 2 S.M.L 2.4 2.4 0.25 0.25 8 7	设置后片的放码值	同上	➢ 操作步骤与上类似，放码值如图。

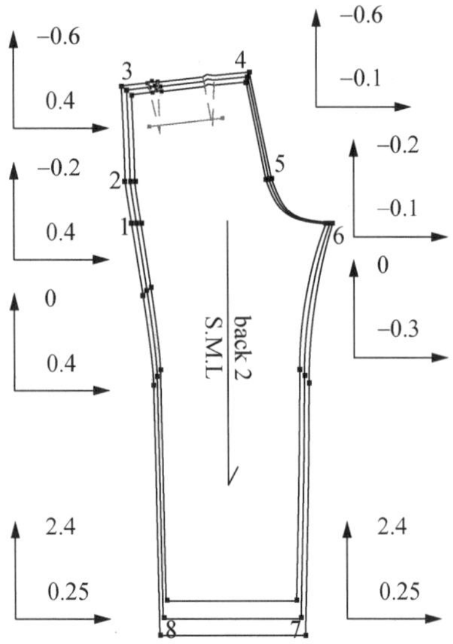

（续表）

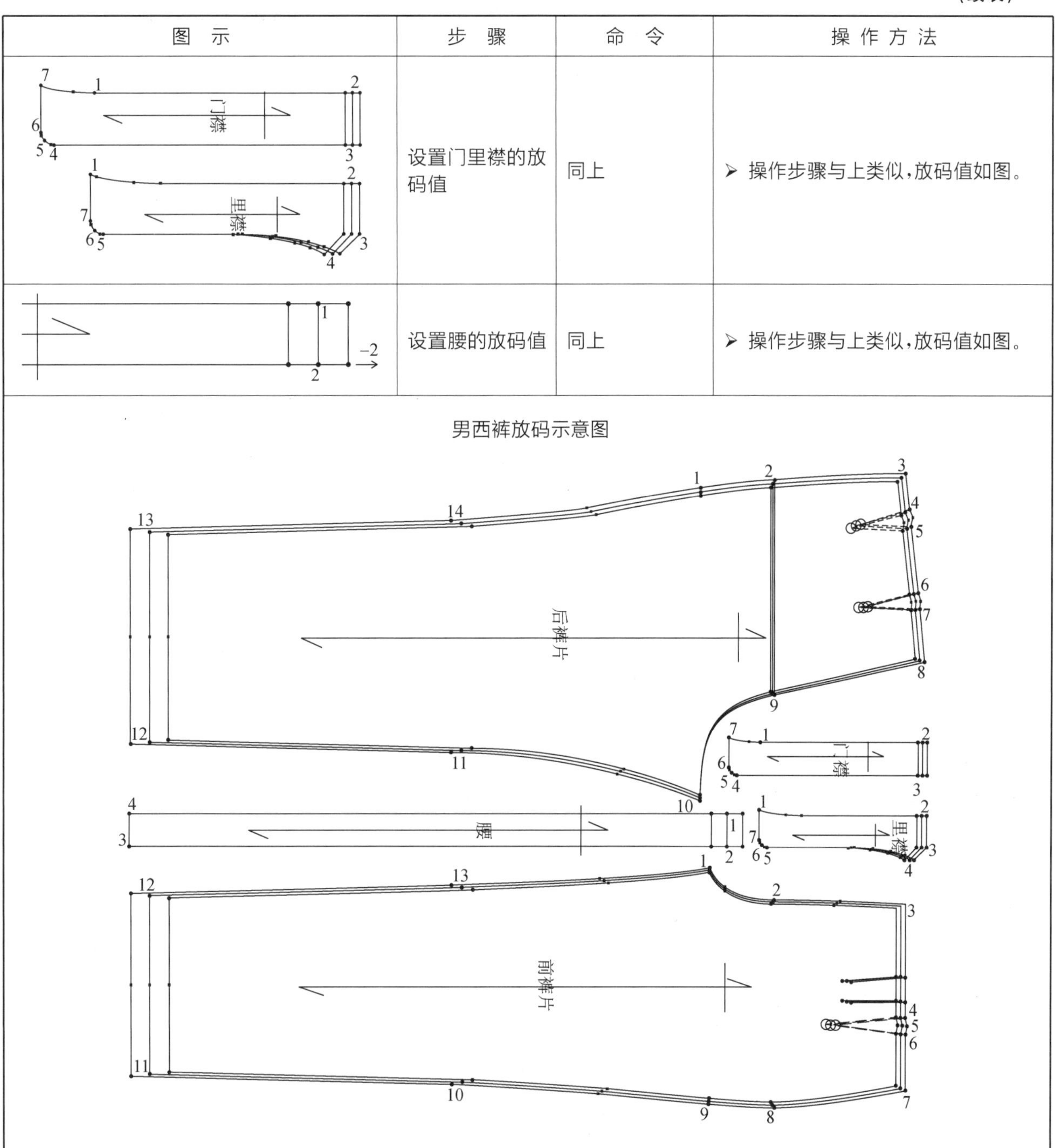

图示	步骤	命令	操作方法
	设置门里襟的放码值	同上	➢ 操作步骤与上类似，放码值如图。
	设置腰的放码值	同上	➢ 操作步骤与上类似，放码值如图。

男西裤放码示意图

项目 5 男夹克 CAD 打板、放码

5.1 项目描述

本项目介绍软件的其他工具栏。

男夹克是男装中典型的款式之一，该款式的制图过程包含了两片袖的打板与放码等方面的技术问题。本项目选择男夹克作为实训内容，学生通过对 PGM 服装 CAD 软件的其他工具的学习，完成软件的基本功能的学习，掌握利用该软件完成各类服装制板的技能。

5.2 项目目标

1. 知识目标

掌握衣片圆角、切角等操作，掌握衣片的放码操作方法。

2. 技能目标

能够用服装 CAD 软件较好地完成男夹克结构图绘制和放码。

3. 素质目标

培养学生利用 PGM 服装 CAD 系统绘制服装结构图的能力和利用计算机放码的能力，为复杂款式的结构图绘制和放码打下基础。

5.3 软件讲解

PDS 其他工具栏

1. 图形工具栏

图形工具栏包含了圆角、切角等图形编辑处理工具(图 5-1)。

图 5-1

(1) 圆角(Ctrl + R)

角点上输入数值成为圆角。

操作方法：

① 选择圆角工具。

② 把圆角工具箭头指向需要做圆角的点按一下左键，在对话框内输入半径。

（2）切角

角点上输入数值成为切角。

操作方法：

① 选择切角工具。

② 把切角工具箭头指向需要做切角的点按一下左键，在对话框内输入切角距离，切去等腰三角形。

（3）对齐点（G）

可选择连串点或指定点成水平或垂直对齐。

操作方法：

① 选择取对齐点工具。

② 顺时针方向选择第一点拖移至最后点，在对话框内先选取由【第一】或【最后】点，后按【水平】或【垂直】，点会按所选择的对齐（图 5-2）。

图 5-2

（4）顺滑

利用这个工具使线段变得顺滑及有可能改变线段的角度。

操作方法：

① 选取工具。

② 利用特殊箭头指向需要修改线段的第 1 点，拖移工作链至第 2 点按下，工作链立刻改变形状。

③ 确认改变，按键盘上的【Shift】和鼠标左键，或按右键选【设定顺滑】，移动在工作区内的样片（图 5-3）。

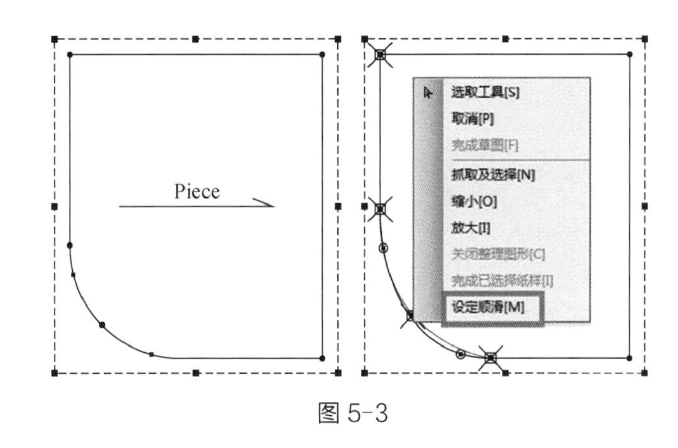

图 5-3

（5）合并图形（Shift + J）

合并没有关闭的图形，连接已开启的内部线。

操作方法：

① 选取工具。

② 利用特殊箭头指向需要连接的第 1 点，拖移工作链至第 2 点按下，移动及复制内部在工作区样片的内部资料（图 5-4）。

（6）延伸图形

延伸内部线段或图形（先选线段，这功能才可使用）。

操作方法：

① 选取需要延伸内部线段或图形。

② 选取工具。

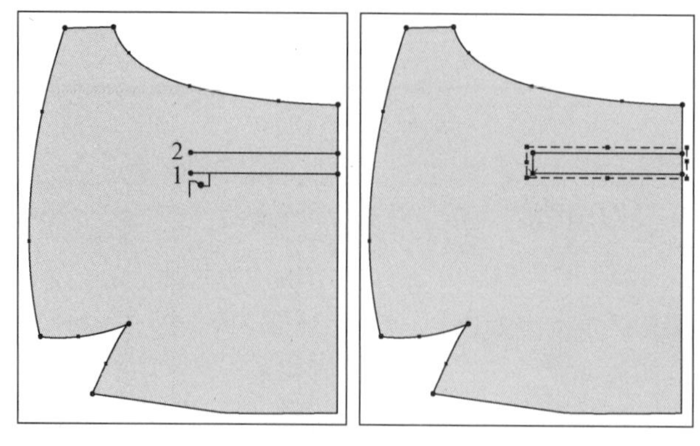

图 5-4

③ 在【延长内部图形曲线】对话框内【延长数】输入数值，修改延长方向，按左或右【确定】。

(7) 线于线段之间

在纸样内加相等的线段。

操作方法：

① 选取工具。

② 顺时针依次选点，输入线的数量(图 5-5)。

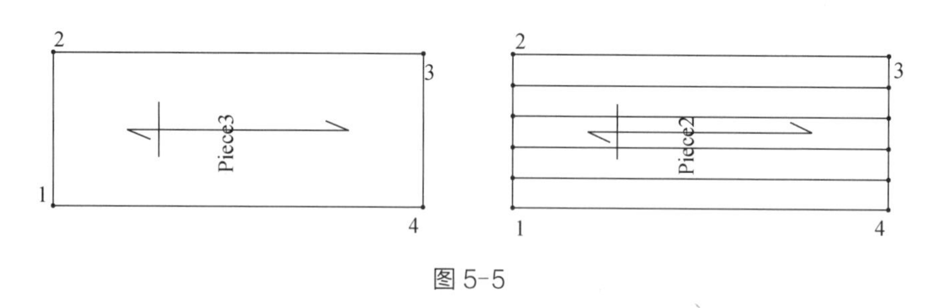

图 5-5

(8) 过渡裁剪孔洞

当使用该工具操作时，内部的轮廓成为一个非封闭的图形。

操作方法：

① 选取工具。

② 在封闭的内部轮廓线上单击。

2. 纸样工具栏

纸样工具栏包含了行走、测量、纸样连接等图形编辑处理工具(图 5-6)。

图 5-6

(1) 行走(W)

模拟车缝动作，把两块样片并在一起看长度是否吻合，利用此功能可以在两块样片上相对的位置同时加上对位符号。

操作方法：

① 在样片排片区内取出需要量度的样片。

② 按一下【行走】功能，出现行走箭头，先决定两块样片的相对点，把箭头最前端的点指向第一块样片的相对点按一下左键，拖动工作链至第二块样片的相对点接一下左键 ，两块样片连接起来，沿两行线段行走至未端在开始时行走的方向错误，可按键盘的【F11】改变方向。

③ 行走时可以在两块样片的相对位按键盘上【F12】做对位符号，在不动的样片上加对位符号可按【CRTL】+【F12】，在走动的样片上加对位符号可按【Shift】+【F12】（图5-7）。

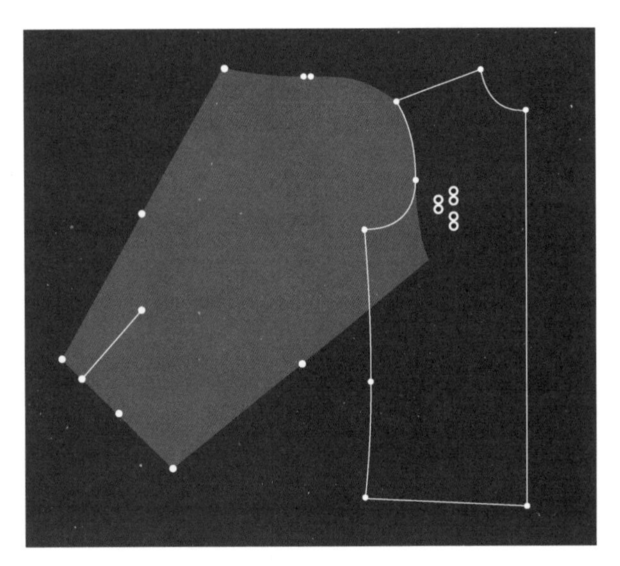

图5-7

（2）长度（Ctrl+D）

利用此功能量度两点之间的距离。

操作方法：

① 选取工具。

② 特殊箭头出现，用箭头最前端指向需要量度的开始点A，拖移工作链至最后点B，按一下左键，弹出【测量】对话框（图5-8）。

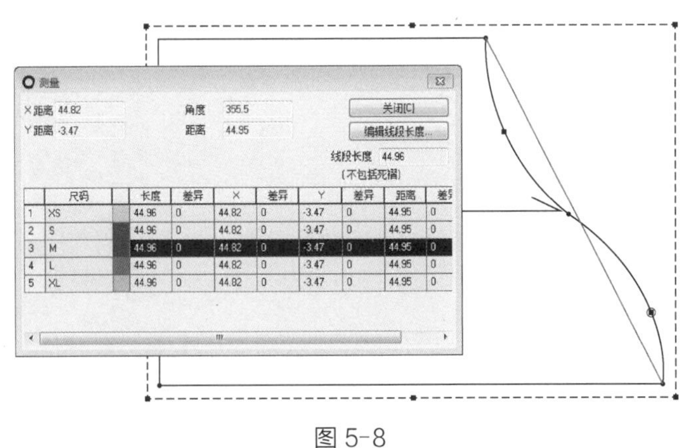

图5-8

线段长度：指弧线长度。

X距离：指A至B的水平距离。

Y距离：指A至B垂直距离。

距离：指A至B的直线长度。

角度：指A至B的角度。

（3）合并纸样（J）

把两片样片连接成为一片样片。

操作方法：

① 把两块样片按布纹线水平排放。

② 选取工具。

③ 用箭头在左边样片按下左键，拖移工作链至右边样片按下左键，出现【连接纸样】对话框（图 5-9）。

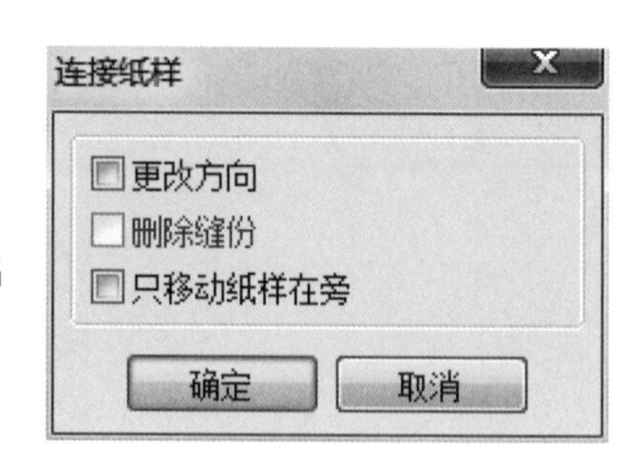

图 5-9

更改方向：是否需要更改方向，有需要可选择勾上。

删除缝份：样片有缝份会先减去缝份的尺寸再合并样片。

只移动纸样连接：两块样片只是贴近，不是连成一块。

（4） 裁剪（C）

利用裁剪功能剪开样片。

操作方法：

① 选取工具。

② 在样片的外围线上选点，有【移动点】对话框出现，指出移动的位置，或输入数值，按【确定】，画线段至另一外围线，画出的线段可以是两点单线或多点线段。之后会有【缝份特性】对话框出现，输入缝份尺寸，样片便会分开成为两片样片。

（5） 沿内部裁剪纸样（Ctrl + Shift + C）

沿样片上的内部线段裁剪成为两块样片。

操作方法：

① 取出已画线的样片。

② 选取工具。

③ 利用箭头最前端在要分开的内部线上任何位置按一下，【缝份特性】对话框出现，输入缝份尺寸，样片便会分开成为两块样片。

（6） 建立纸样（B）

依次序抽取分隔样片成为新样片。

操作方法：

① 选取工具。

② 利用箭头在分隔的样片上依次序按上。

③ 在最后的样片上多按一下确认已成的样片。

（7） 建立纸样分区（Ctrl + Shift + Z）

由样片建立纸样和纸样分区，修改原样片时新建立的样片同时修改。

操作方法：

① 选取工具。

② 利用箭头双击在样片上作分区。

③ 在特性对话框内【图板分区】内输入样片名称和选择【建立纸样】方块。

④ 从原样片修改纸样后按特性对话框【图板分区】|【按图板改正全部纸样】|【改正】（图 5-10）。

（8） 对折打开（Ctrl + Shift + F）

利用镜面反射功能，打开对接的样片部分（图 5-11）。

操作方法：

① 在样片上画上对接的线段。

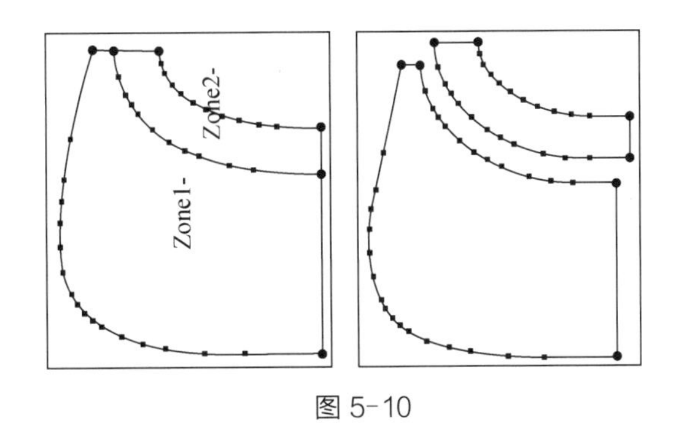

图 5-10

② 选取工具。
③ 利用箭头在对接中线按一下。
④ 在画上的对接线段上按一下。

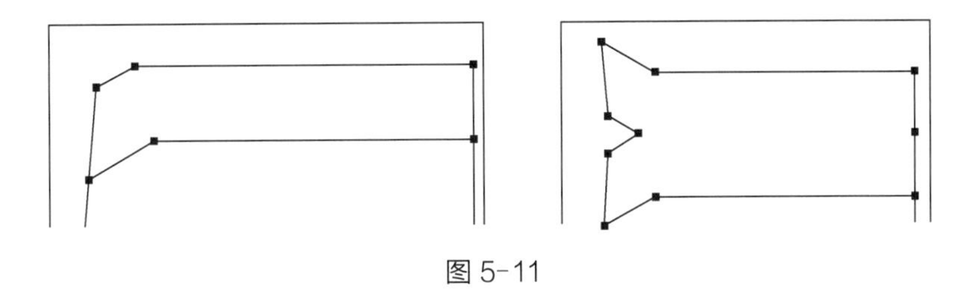

图 5-11

5.4　项目操作

男夹克是男装中典型的款式之一，廓型变化较小，但在局部的设计上可以有较多的变化，可根据职业特点进行实用的设计，在材料的选择上也可以有多种选择，是服装专业人员必须掌握的男装款式。

一、男夹克结构设计

男夹克号型规格、结构设计步骤分别见表 5-1 和表 5-2 所列。

表 5-1　男夹克号型规格　　单位：cm

号型	165/84A	170/88A	175/92A	档差
前衣长（L）	67	69	71	2
门襟拉链长	60	62	64	2
胸围（B）	114	118	122	4
肩宽（S）	46.8	48	49.2	1.2
袖长（SL）	57.5	59	60.5	1.5
袖口围（SW）	28	29	30	1
领围（N）	43	44	45	1
下摆围	111	113	115	2

表 5-2　男夹克结构设计步骤

图　示	步　骤	命　令	操 作 方 法
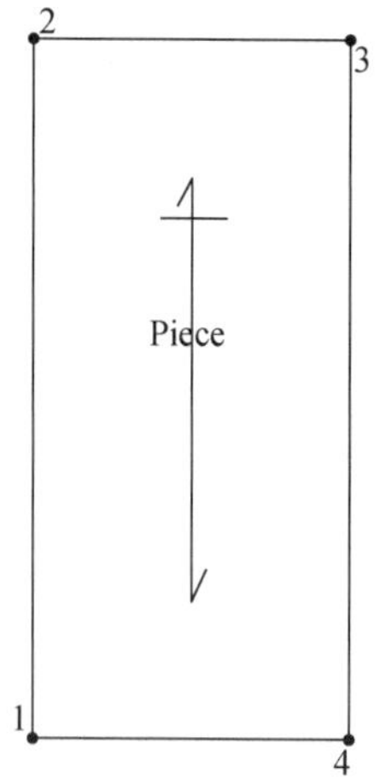 2 3 Piece 1 4	后衣片大轮廓	新建 建立矩形纸样	➢ 单击新建按钮，清屏； ➢ 选取【纸样】|【建立纸样】|【建立矩形纸样】，弹出“开长方形”对话框，长度输入 29.5（B/4），宽度输入 L-5.5-1.5（62）。
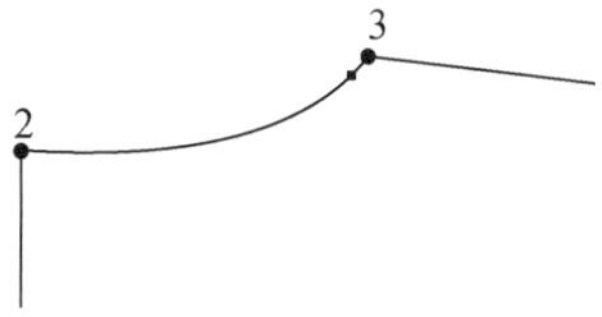 3 2	后领窝	线段加点 多个移动 移动点	➢ 选取“线段加点”命令，在上平上点击，输入领宽 7（2N/10-0.3），选中放码点复选框； ➢ 选取“多点移动”命令，将领宽点上抬 2.3； ➢ 选取“移动点”命令，按住 Shift 键，拉出领窝形状弧线。
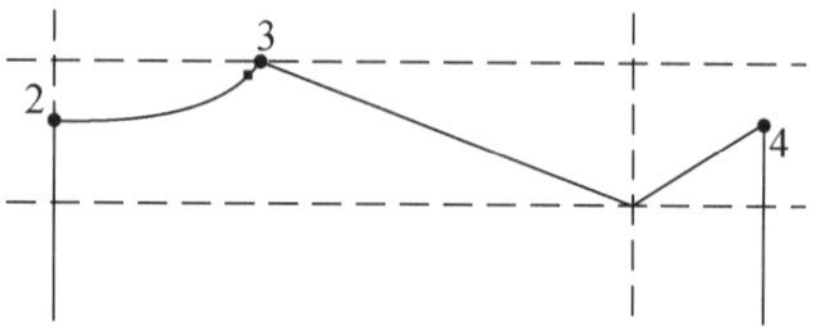 2 3 4	肩斜线	辅助线 移动点	➢ 用鼠标拉出水平辅助线，捕捉到领窝点；按住 Ctrl 键单击该线，输入水平距离 － 5.6（B/20 － 0.3），得到落肩点的辅助线； ➢ 用鼠标拉出竖直辅助线，捕捉到颈侧点；按住 Ctrl 键单击该线，输入垂直距离 24（S/2）），得到落肩点的辅助线； ➢ 选取“移动点”命令，在斜线条上点击并移动到落肩点位置。
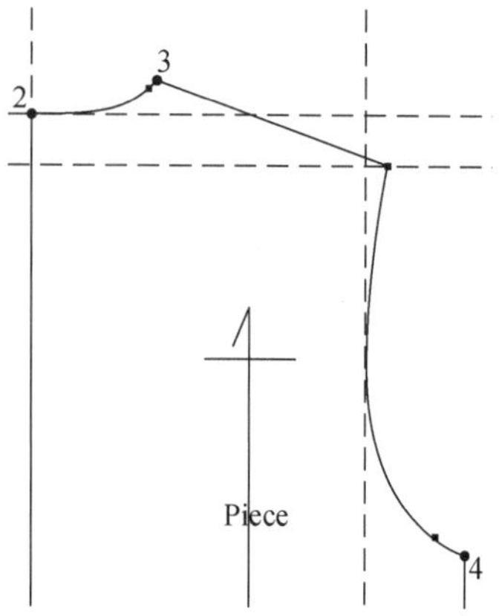 2 3 Piece 4	做后片袖窿弧线	辅助线 沿着移动 移动点	➢ 选取“沿着移动”命令，单击＃4 点往下移动，弹出“沿着图形移动点”对话框，距离输入 28.6（2B/10＋5），得到腋下点； ➢ 拉出过后中点的竖直线，按住 Ctrl 键单击该线，输入垂直—由线距离 22.6（2B/10－1），得到背宽线； ➢ 选取“移动点”命令，按住 Shift 键，拉出袖窿弧线，完成后片绘图。

（续表）

图　示	步　骤	命　令	操作方法
	前衣片大轮廓	建立矩形纸样	➢ 选取【纸样】|【建立纸样】|【建立矩形纸样】，弹出“开长方形”对话框，长度输入29.5(B/4)，宽度输入63.5(L−5.5)。
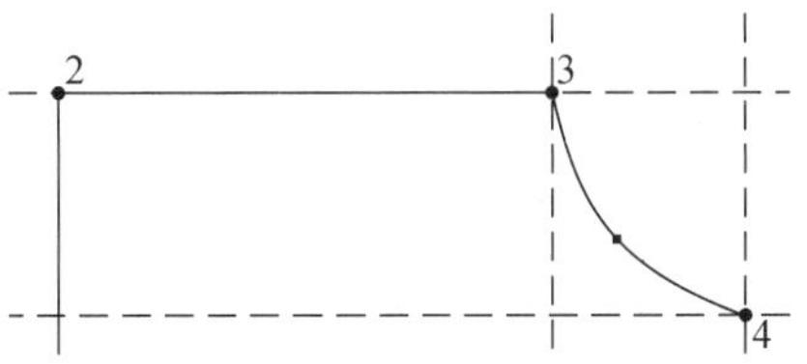	前领窝	线段加点 沿着移动 辅助线 钮位距离 移动点	➢ 选取“线段加点”命令，在上平上靠近前中的点单击，弹出输入领宽8.5(2N/10−0.3)，选中放码点复选框； ➢ 选取“沿着移动”命令，单击＃4点往下移动，弹出“沿着图形移动点”对话框，距离输入9.3(2N/10＋0.5)，得到前中点； ➢ 拉出过＃3点和＃4点的水平及竖直辅助线； ➢ 选取“钮位距离”命令，弹出“设定钮位相等距离”对话框，顺着线框输入2，半径输入0.1，得到领窝线需要的3等分点； ➢ 选取“移动点”命令，按住Shift键，拉出领窝形状弧线。
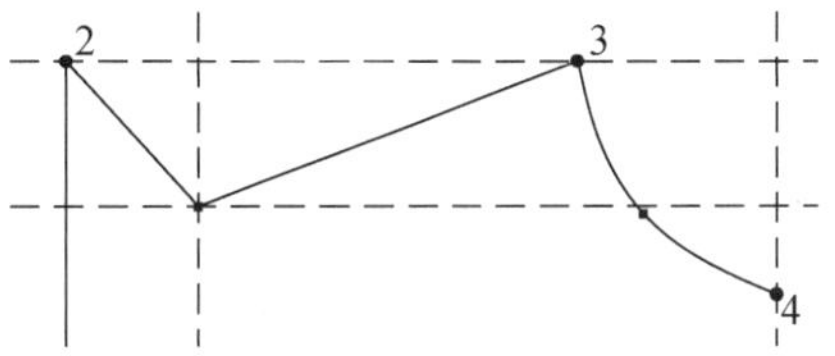	肩斜线	辅助线 移动点	➢ 用鼠标拉出过颈侧点的水平辅助线，按住Ctrl键单击该线，输入水平距离−5.9(B/20)，得到落肩点的辅助线； ➢ 用鼠标拉出过领窝点的竖直辅助线；按住Ctrl键单击该线，输入垂直距离−24(S/2)，得到落肩点的辅助线； ➢ 选取“移动点”命令，在斜线条上点击并移动到落肩点位置。
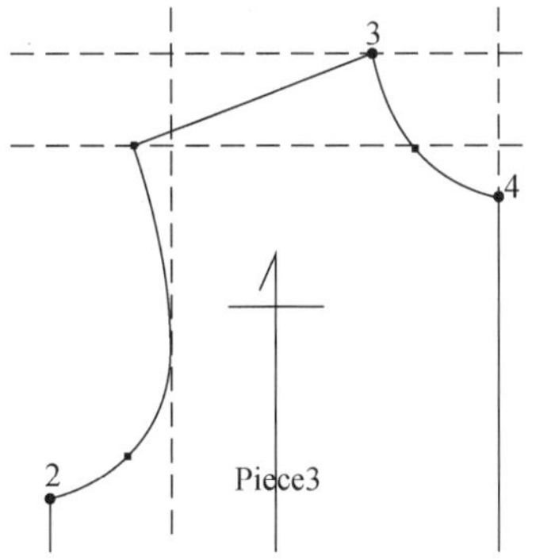	前片袖窿弧线	辅助线 沿着移动 移动点	➢ 选取“沿着移动”命令，单击＃2点往下移动，弹出“沿着图形移动点”对话框，距离输入−28.6(2B/10＋5)，得到腋下点； ➢ 按住Ctrl键单击前中线，输入垂直一由线距离21.6(2B/10−2)，得到胸宽线； ➢ 选取“移动点”命令，按住Shift键，拉出袖窿弧线，完成后片绘图。
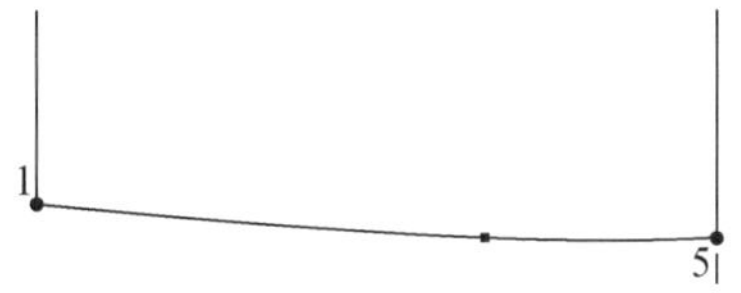	下摆围	沿着移动 移动点	➢ 选取“沿着移动”命令，单击＃2点往上移动，弹出“沿着图形移动点”对话框，距离输入1.5，得到侧缝点； ➢ 选取“移动点”命令，按住Shift键，拉出下摆围弧线。

（续表）

图　示	步　骤	命　令	操 作 方 法
	下摆 门襟	建立矩形纸样	➢ 选取【纸样】|【建立纸样】|【建立矩形纸样】，弹出“开长方形”对话框，长度输入 59.5（B/2＋0.5），宽度输入 5.5，得到底摆； ➢ 选取【纸样】|【建立纸样】|【建立矩形纸样】，弹出“开长方形”对话框，长度输入 6，宽度输入 59.7（L－前领深），得到门襟。
	衣袖大轮廓	建立矩形纸样	➢ 选取【纸样】|【建立纸样】|【建立矩形纸样】，弹出“开长方形”对话框，长度输入预估值 60，宽度输入 SL－6（53）。
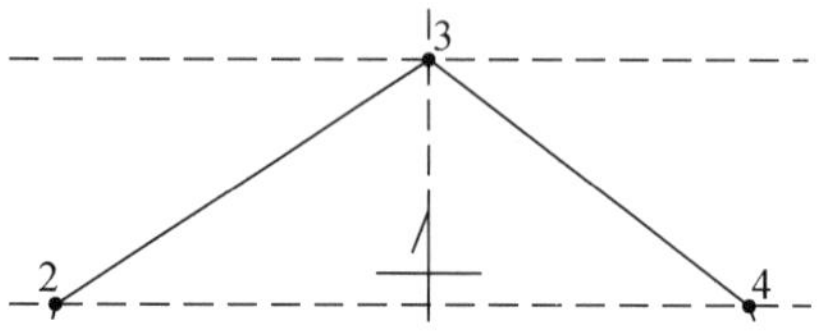 3 2　　4	袖山斜线	线段加点 辅助线 长度 圆形 移动点	➢ 选取“线段加点”命令，在上平线单击，弹出“点特性”对话框，复选“放码点”，比例框输入 0.5； ➢ 拉出过上平线的辅助线。按住 Ctrl 键单击改线，弹出“辅助线性质”对话框，水平—由线距离输入袖山高 15.3（B/10＋305），得到袖山底线位置； ➢ 选用“长度”工具，测量出后袖窿弧长，以袖山点为圆心，以后袖窿弧线为半径画圆，与袖山底线交于一点，得到后袖肥点。同方法，找到前袖肥点； ➢ 选取“移动点”命令，把大轮廓上的袖肥点移到找到的准确的袖肥点位置。
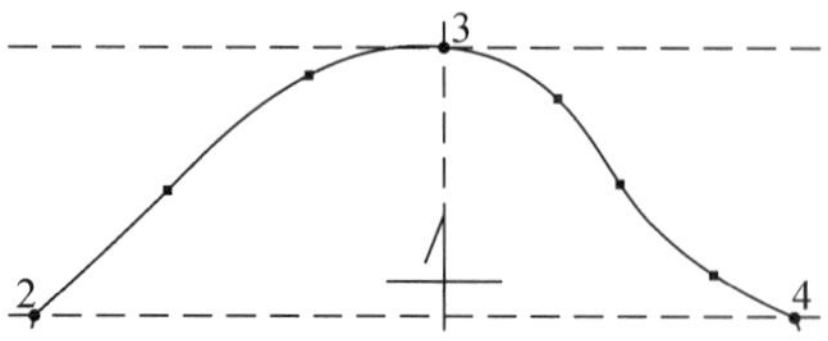 3 2　　4	袖山弧线	线段加点 移动点	➢ 选取“线段加点”命令，在前袖山斜线上单击，弹出“点特性”对话框，复选“弧线”，比例框输入 0.5； ➢ 用鼠标右键单击袖山高点，在弹出式菜单中选择特性，将袖山高点等改为弧线点； ➢ 选取选取“移动点”命令，将袖山斜线拉成曲线。

（续表）

图 示	步 骤	命 令	操 作 方 法
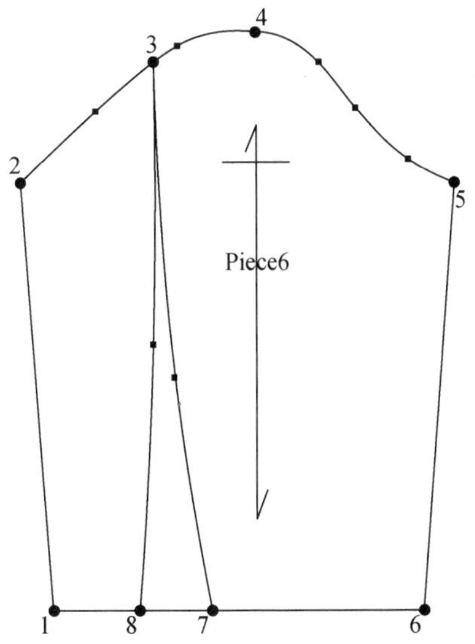 Piece6	袖口 大小袖分割	辅助线 移动点 沿着移动 草图	➢ 拉出过前后袖肥点的纵向辅助线和过袖口线的横向辅助线； ➢ 选取“移动点”工具，将袖口点分别移至上述辅助线的交点上； ➢ 选取“沿着移动”工具，将左右袖口点均内收 3； ➢ 选取“线段加点”命令，在左袖口点右边加距离 8 的点，在右袖口点的左边加距离 21 的点； ➢ 选取“线段加点”工具，在后袖山弧线加距离 10 的点； ➢ 选取“草图”命令，分别将＃3 点和＃8 点、＃3 点和＃7 点连接； ➢ 选取“移动点”命令，按 Shift 键，将上述两直线拉成弧线。
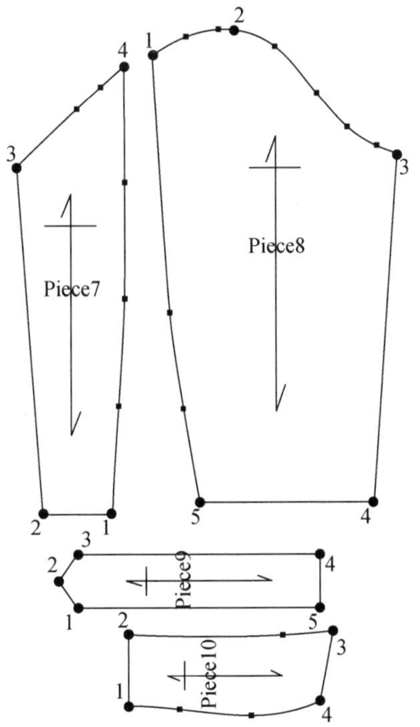 Piece7 Piece8 Piece9 Piece10	成大小袖 袖克夫 衣领	建立纸样 建立矩形纸样 移动点 沿着移动 多个移动	➢ 选取“建立纸样”命令，在小袖区域内单击，再单击，得到小袖样板，同理得到大袖样板； ➢ 选取【纸样】|【建立纸样】|【建立矩形纸样】，弹出“开长方形”对话框，长度输入 28(SW)，宽度输入 6； ➢ 选取“线段加点”工具，在＃1 和＃2 之间加入中点； ➢ 选取“移动点”命令，将上述中点向左移动 2，得到袖克夫样板； ➢ 选取【纸样】|【建立纸样】|【建立矩形纸样】，弹出“开长方形”对话框，长度输入 22.1(前后领窝之和)，宽度输入 9(后领宽 + 1)； ➢ 选取“沿着移动”工具，将后中下点上移 1，将前中下点上移1.5； ➢ 选取“多个移动”命令，将前中上点往右移 1.5，往上移 0.5； ➢ 选取“移动点”命令，领下口线和领外口线修改成曲线。

（续表）

图　示	步　骤	命　令	操 作 方 法

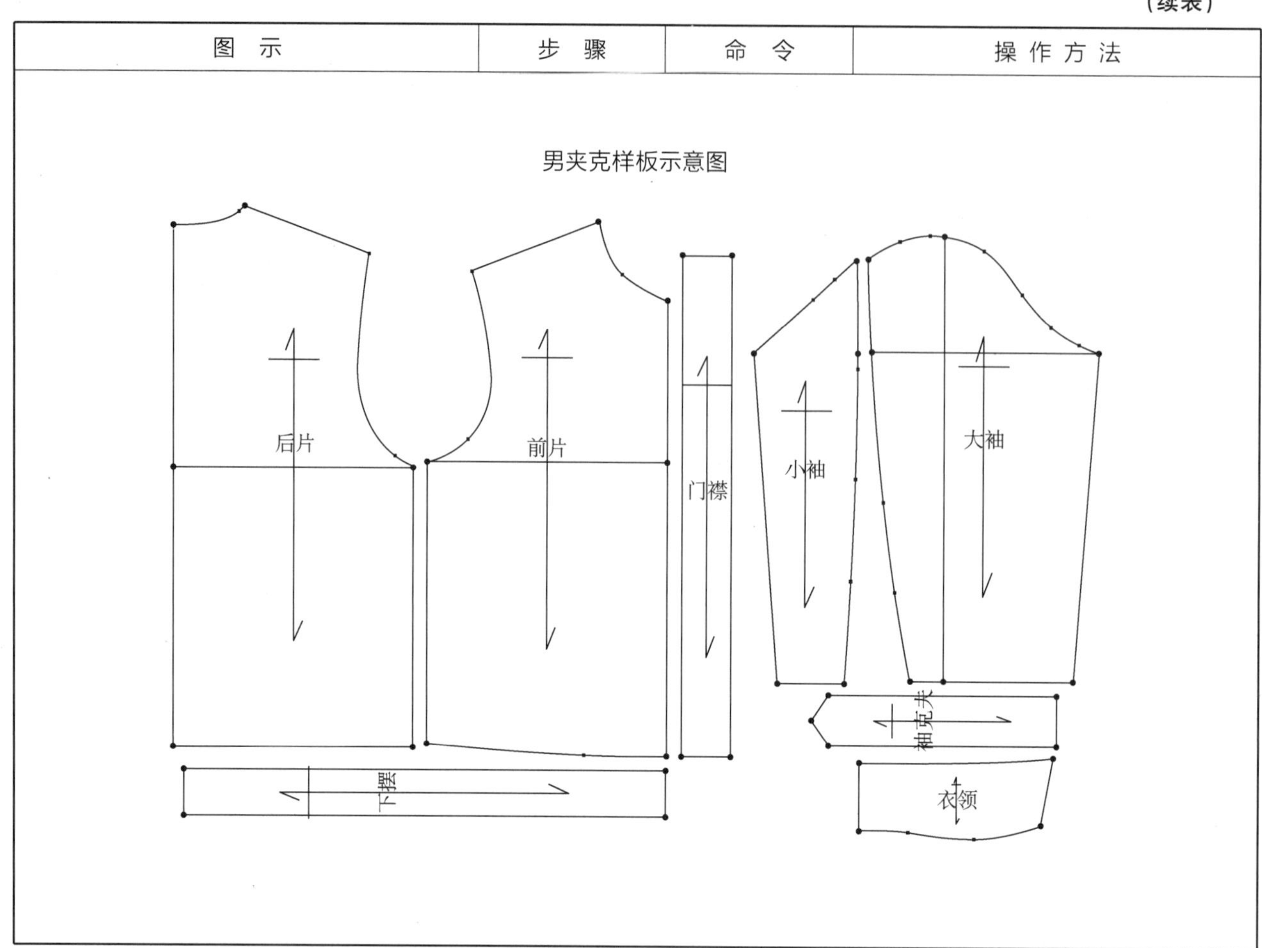

二、男夹克放码

男夹克号型规格、放码步骤分别见表 5-1 和表 5-3 所列。

表 5-3　男夹克放码步骤

图　示	步　骤	命　令	操 作 方 法
	打开放码表	Ctrl + F4	➢ 按快捷键 Ctrl + F4，打开“放码表”对话框。
	设置样板的尺码	尺码	➢ 选取【放码】|【尺码表】命令，弹出“尺码”对话框，将当前码改为 170/88A 码，通过“插入”添加 165/84A 码、“附加”添加 175/92A 码，完成尺码设置； ➢ 设置 170/88A 码为基本码。

（续表）

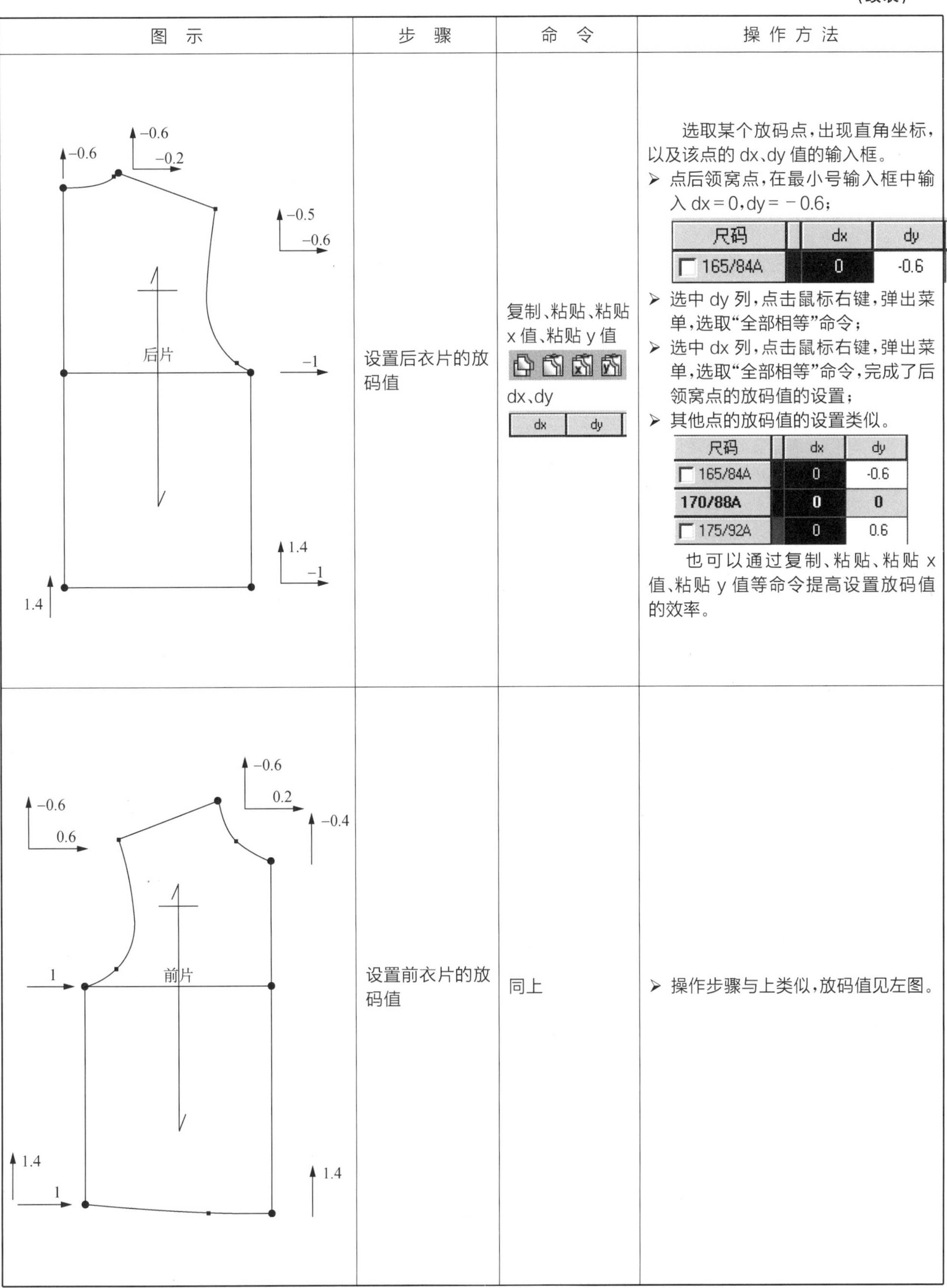

<table>
<tr><th>图示</th><th>步骤</th><th>命令</th><th>操作方法</th></tr>
<tr><td>−0.6
−0.6 −0.2
−0.5 −0.6
后片
−1
1.4 −1
1.4</td><td>设置后衣片的放码值</td><td>复制、粘贴、粘贴x值、粘贴y值
dx、dy
dx dy</td><td>选取某个放码点，出现直角坐标，以及该点的dx、dy值的输入框。
➢ 点后领窝点，在最小号输入框中输入dx = 0，dy = − 0.6；<table><tr><th>尺码</th><th>dx</th><th>dy</th></tr><tr><td>165/84A</td><td>0</td><td>-0.6</td></tr></table>➢ 选中dy列，点击鼠标右键，弹出菜单，选取“全部相等”命令；
➢ 选中dx列，点击鼠标右键，弹出菜单，选取“全部相等”命令，完成了后领窝点的放码值的设置；
➢ 其他点的放码值的设置类似。<table><tr><th>尺码</th><th>dx</th><th>dy</th></tr><tr><td>165/84A</td><td>0</td><td>-0.6</td></tr><tr><td>170/88A</td><td>0</td><td>0</td></tr><tr><td>175/92A</td><td>0</td><td>0.6</td></tr></table>也可以通过复制、粘贴、粘贴x值、粘贴y值等命令提高设置放码值的效率。</td></tr>
<tr><td>−0.6 0.2
−0.6 0.6
−0.4
前片
1
1.4 1
1.4</td><td>设置前衣片的放码值</td><td>同上</td><td>➢ 操作步骤与上类似，放码值见左图。</td></tr>
</table>

（续表）

图　示	步　骤	命　令	操 作 方 法
−0.4 −0.4 0.3 0.3 −0.5 大袖 1.1 0.3 1.1 −0.5	设置大袖的放码值	同上	➢ 操作步骤与上类似，放码值见左图。
−0.4 −0.2 门襟 小袖 −1.1 1.1 2 2 0.2	设置小袖和门襟的放码值	同上	➢ 操作步骤与上类似，放码值见左图。

（续表）

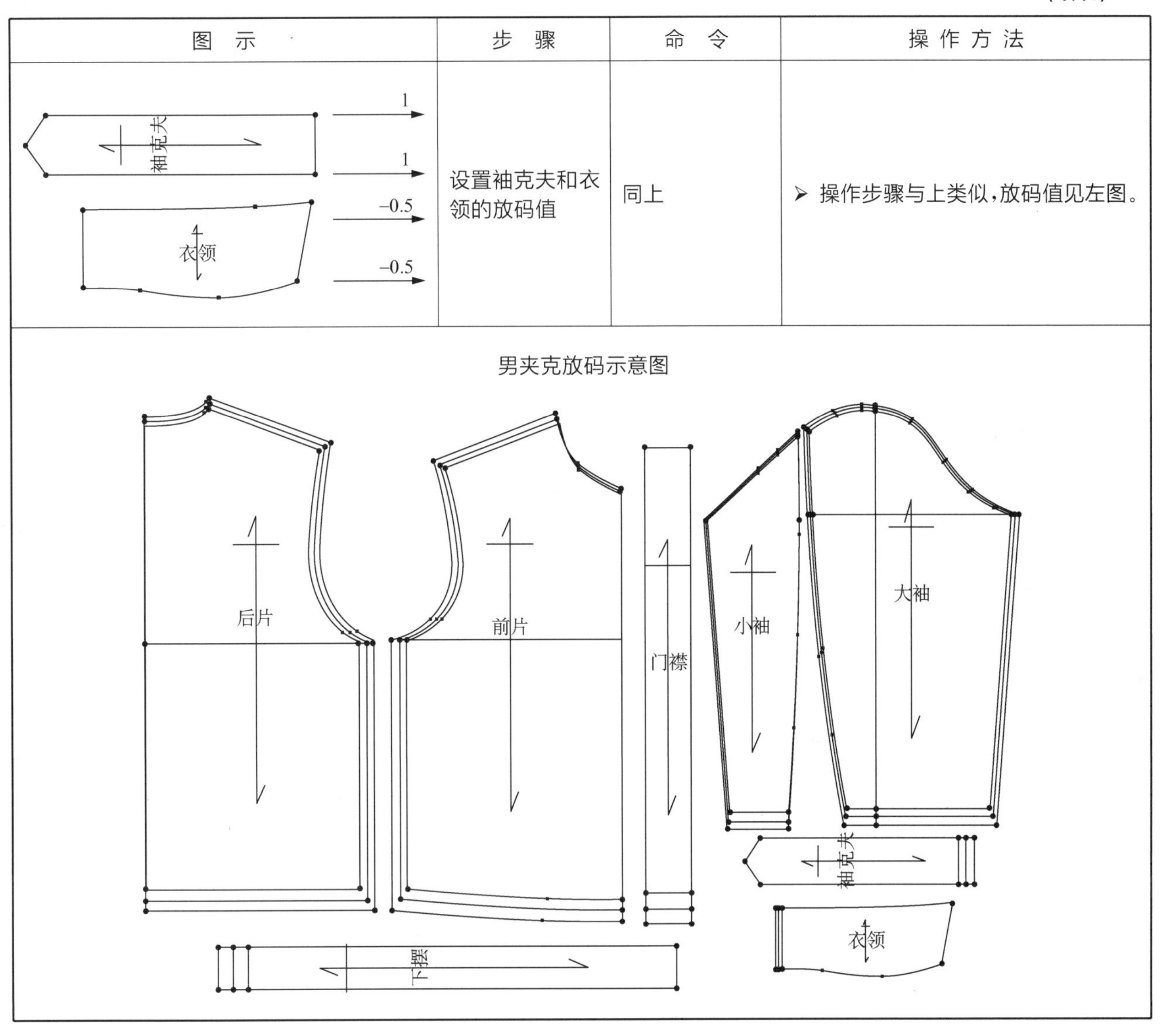

图　示	步　骤	命　令	操 作 方 法
	设置袖克夫和衣领的放码值	同上	➢ 操作步骤与上类似，放码值见左图。
男夹克放码示意图			

项目 6　女西服 CAD 打板、放码、排料

6.1　项目描述

本项目介绍 CAD 软件打板系统的描板模块和排料系统。

女西服是女装中典型的款式之一，款式比较贴身，能突显女性充满曲线感的姿态。女性穿的西服套装多数用于商务场合，也适合日常穿着。该款式的制图过程包含了圆袖的打板与放码等方面的技术问题。本项目选择女西服作为实训内容，学生通过对 PGM 服装 CAD 软件的描板模块的学习，了解软件数字化图形的功能，掌握利用该软件完成各类服装数字化的操作技能。通过对 PGM 服装 CAD 软件的排料系统的学习，了解排料的意义和利用软件排料的方法，掌握利用该软件完成女西服排料的操作技能。

6.2　项目目标

1. 知识目标

了解数字化仪的各个按键的功能，了解排料的意义及排料的基本原则，掌握描板模块的使用方法，掌握排料系统各个工具的使用方法。

2. 技能目标

能够较好地完成女西服纸样的数字化操作，能够较好地完成女西服的排料。

3. 素质目标

利用 PGM 服装 CAD 系统描板模块对女西服纸样进行数字化操作的能力，为复杂款式的数字化操作打下基础。掌握女西服的排料，为复杂款式排料打下基础。

6.3　软件讲解

一、描板

1. 设定读图板

在与服装制板相关的行业里，常常需要将已有的纸样输入计算机，再使用 CAD 软件来进行其他操作，这时我们需要使用数字化仪来将纸样数字化，才能用计算机进行编辑。

选取【文件】|【读图板】|【设定读图板】命令，弹出“设定读图板”对话框（图 6-1）。

① 数图板种类：点击下拉箭头，选择相应的数字化仪的型号。

② 表板：输入路径。

③ 浏览：表板的路径可以在此进行浏览选择。

④ 编辑表板：此表板可用来编辑纸样的名字等文字，在读图时，直接输入。

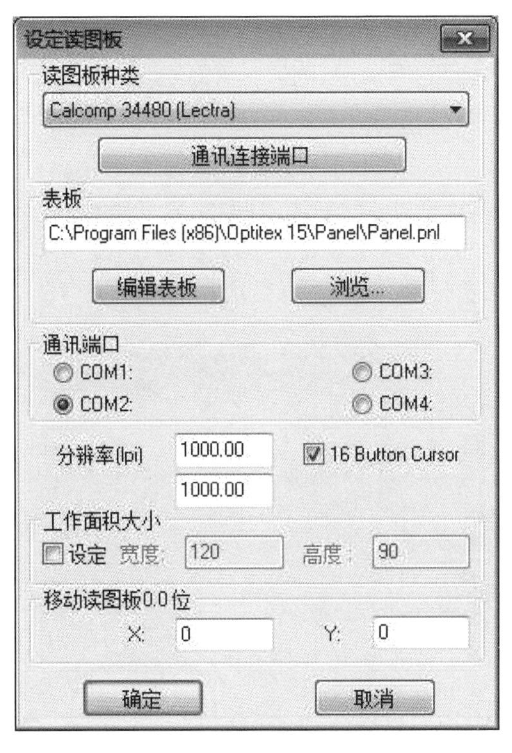

图 6-1

⑤ 通讯端口：在这里选择连接埠。

⑥ 分辨率：输入读图板的分辨率，以象素为单位。例如：Calcomp 34480 型号的读图板的分辨率为 2540lpi。

⑦ 16 键光标：打“√”即为 16 键光标，不打“√”即为 4 键光标。

⑧ 工作面积大小：在设定处打上勾，即可后面设定表板的大小。

⑨ 将数字化移动至 0/0 点：是指原点，即读图板有效范围区的左下角位置。

⑩ 相关参数：点击后会出现“通讯连接端口”对话框（图 6-2）。

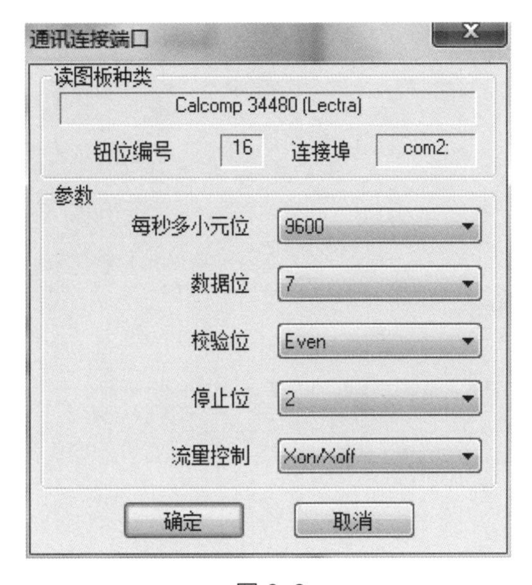

图 6-2

将此对话框中的参数记下来，然后在桌面上“我的计算机”的图标上点击右键，选择“属性”，出现如图对话框，选择“设备管理器”，双击 com 口的连接埠，选择“端口设置”，将“端口设置”中的参数修改成和“相关参数”中一致，点击“确定”，完成“数字化”安装。

2. 单位设定

在实际生产中，我们经常会遇到不同的单位，比如厘米、英寸等，这时就需要设置单位切换。

选取【工具】|【其余设定】命令，弹出“其余设定”对话框，单击“主要部分”选项下的“工作单位”子选项，选择所需要的单位和允许误差值(图 6-3)。

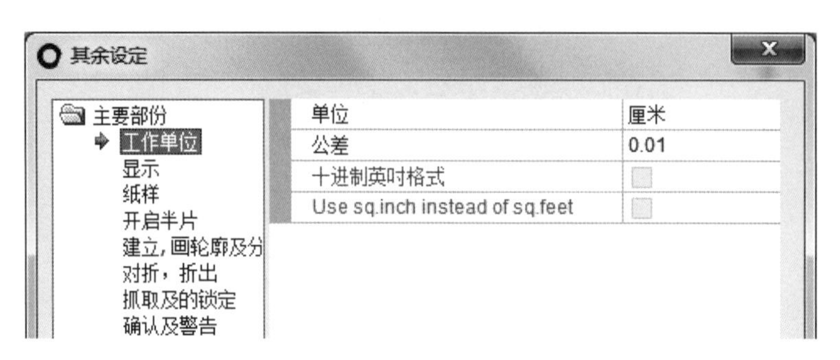

图 6-3

另：如果切换到“英寸”上时，在“十进制英寸格式”处，可以选择十进制或八进制的英寸，一般在服装上较多用的是八进制的英寸，选择好了之后，点击“确定按钮”。

3. 数字化仪的使用

选取【文件】|【读图板】|【读图】命令，弹出“设定读图板”对话框或点击图标，都会出现“读图板”对话框(图 6-4)。

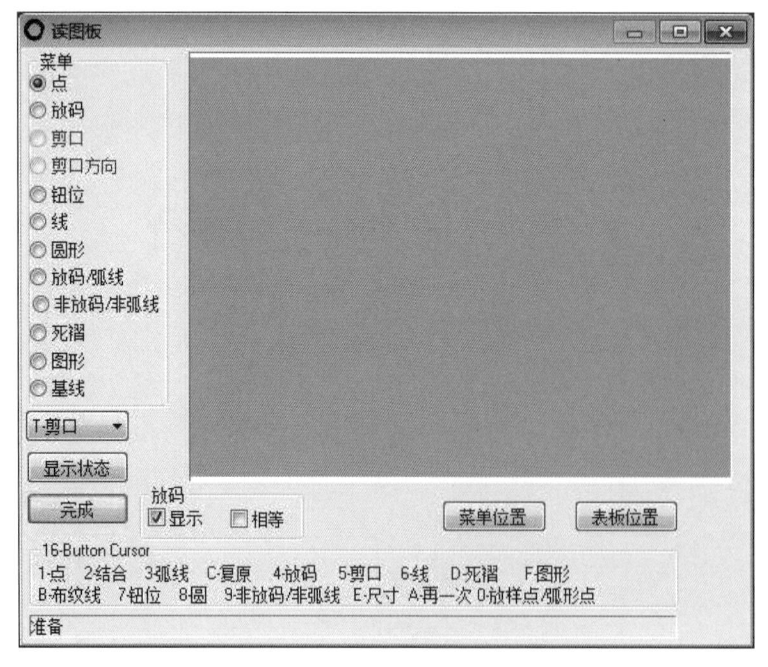

图 6-4

(1) 首次使用

在初次使用的时候，在空白区域的左下角会有 2 个网格，一个是菜单；一个是表板。其颜色可以在“选项”的“颜色和线条类型”中的“常规”中进行修改。

解除的方法：点击“菜单位置”，在空白区域的左下角，双击 2 次，然后，点击“表板位置”，在空白区域的左下角，双击 2 次。

(2) “按键 1”的使用

可以用鼠标来模拟使用描板，同时要使用“按键 1”中的选项来切换配合使用。

另：自动封闭是使用“Shift”加上鼠标左键即可。

(3) 剪口类型

剪口就是我们常说的刀口位，在系统中有多种剪口类型。

(4) 显示状态

点击“显示状态”后，会出现“读图板状态”对话框（图 6-5）。

读图板状态
读图板
Numonics
16　COM2:
表板
C:\Program Files (x86)\Optitex 15\Panel\Panel.pnl
Static
外部图形
0
工序
点
步幅
第一
款式名称
放码表库名称
点名称
内部文字
预设
预设
指令
预设
裁剪时间
预设
钮位半径
0.7
剪口种类
T
剪口长度
比例
剪口宽度
0.7
剪口宽度
0.5
剪口角度
90
盒子褶顶部宽度
0.5
常见死褶钻孔
裁剪
钮位半径
0.7
死褶距离
1
内部文字大小
1
内部文字角度
0
内部指令...
最后读图线为基线
声音:
纸样资料...
打印菜单
打印表板
关闭

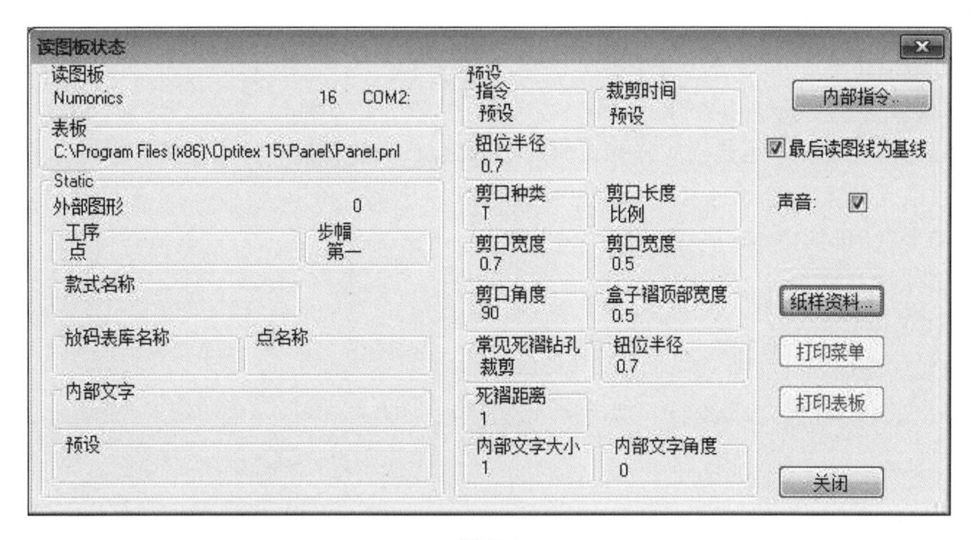

图 6-5

点击“纸样资料”按钮，弹出“纸样资料读图板”对话框（图 6-6）。

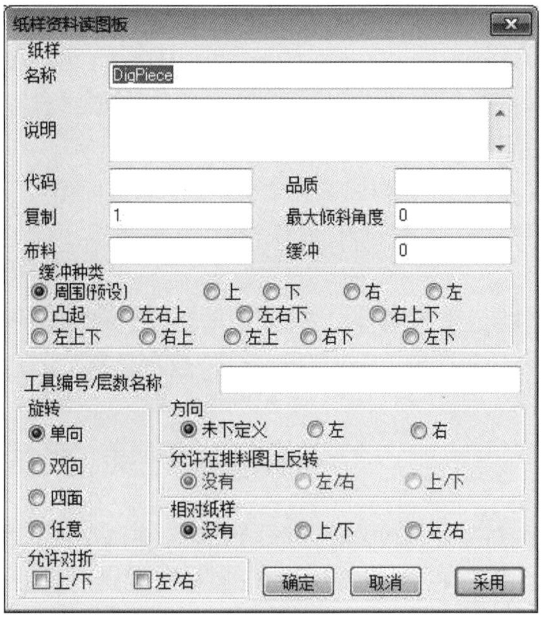

纸样资料读图板
纸样
名称
DigPiece
说明
代码
品质
复制
1
最大倾斜角度
0
布料
缓冲
0
缓冲种类
周围(预设)
上
下
右
左
凸起
左右上
左右下
右上下
左上下
右上
左上
右下
左下
工具编号/层数名称
旋转
单向
双向
四面
任意
方向
未下定义
左
右
允许在排料图上反转
没有
左/右
上/下
相对纸样
没有
上/下
左/右
允许对折
上/下
左/右
确定
取消
采用

图 6-6

(5) 应用

点击过“应用”后，就将此样片完成，置放于纸样列表里。

4. 描板操作

在读图的时候，我们需要使用 16 键的定位器，定位器上各按键的意义如下：

1：放码的转角点

9：不放码的转角点

3：不放码的曲线点

0：放码的曲线点

2：封闭纸样

5：牙口

6：线条，描内部直线（不需使用 F 键切换）

7：作记号，即钻孔位（不需使用 F 键切换）

8：圆（起点为圆心，终点为圆边上的一点）

D：省（在描省道的时候一定要在放码的转角点上，并且一定要和描入样板时的顺序一致）

C：撤销（可以无数次的使用，连续删除最后描点）

A：重做，与上次相同的操作（重复上一个点的属性）

E：不规则推档

4：描叠图时使用

B：可以输入基线

F：在使用外部轮廓线描内部物件时，需使用此键切换。

二、排料

（一）排料基础知识

排料，在服装 CAD 中又称为马克（Marking），是在预定的布料宽度与长度上根据排料规则摆放所要裁剪的衣片。放置裁片时，要根据服装的实际需要画出一定的限制，如丝缕方向的单一性、是否允许旋转、是否允许重叠、是否允许分割等。

传统排料是由人按照经验手工进行的，排料效率低、劳动强度大、易出差错，特别是在裁片多以及排新的款式时更是如此。而计算机排料是根据数学原理，利用计算机图形学设计而成的，且这项技术仍在处于不断进步中，因此具有良好的发展前景。

计算机辅助排料与传统手工排料相比，有如下几个优点。

① 计算机排料在显示器屏幕上进行，操作方便、快捷，可以减少人工排料时的来回走动、不断翻找需要的裁片。

② 计算机排料所需的空间与手工相比要小的多，可以节约场地，降低生产成本。

③ 计算机排料可以实时显示排料信息，不会漏排、多排，且其精确的信息有助于估料、成本核算等各方面的工作。

④ 计算机自动排料可以在较短的时间内得到较满意的排料效果，而且所排排料图可以保存下来供多次使用，可以大大降低人工的费用。

⑤ 计算机排料可以跟后续的自动裁剪以及自动缝制等工序无缝连接，实现服装生产的自动化。

总之，采用计算机排料可以提高工作效率，降低成本，避免人工排料时常见的多排、漏排的错误，提高排料质量，减轻排料人员的劳动强度，提高劳动生产率。

1. 排料规则

排料的目标是尽可能地提高面料使用率，降低生产成本。要达到这个目的，一般要遵循下面原则排料。

① 先大后小——先排大衣片，然后再排小衣片，小衣片尽量穿梭在大衣片之间的空隙处。

② 凹凸相对——直对直、斜对斜、弯对弯、凹对凸，或者凹对凹，加大凹部位范围，可以便于其他部位排放，减少衣片间的空隙。

③ 大小套排——大小搭配，若所排服装为大、中、小三种款型，可以大小号套排，中档排，使衣片间能取长补短，实现合理用料。

④ 防止倒顺——在对裁片进行翻转或旋转时要注意防止“顺片”或者“倒顺毛”。

⑤ 合理切割——根据实际需要进行合理切割，以提高面料使用率。

另外，还需调剂平衡，采取衣片之间的“借”与“还”，在保证部位尺寸不变的情况下，调整衣片缝合线相对位置，在客户允许的情况下，可在一定范围内倾斜丝缕，来提高面料利用率。

2. 计算机辅助排料方法

计算机排料方法有多种，但归纳起来有三种。

(1) 手工排料

利用服装CAD提供的排料工具将样板从待排区拿出来，按照排料规则排到工作区里。

(2) 自动排料

自动排料是计算机自动完成裁片的排料。先设置好排料参数，如排料的时间、排料的宽度、衣片的限制信息，然后由计算机自动完成排料。特别是今年发展起来的智能自动排料，采用模糊智能技术，结合专家排料经验，模仿曾经做过的优化排料方案进行排料，还可以进行无人在线操作，系统深夜持续运转可以处理大量排版任务，大大提高排料效率和减轻人工的繁重劳动。

(3) 人机交互式排料

人机交互式排料是指按照人机交互的方式，由操作者利用鼠标根据排料的规则和自身排料的经验将裁片通过旋转、分割、平移等手段排成裁剪用的排料图。在操作过程中，系统实时提供已排放的裁片数、待排裁片数、面料幅宽、用料长度、用布率等，为排料提供参考。该方式是生产实际中最常用的方式。

(二) 排料系统

计算机辅助排料是服装CAD应用于生产的主要方面，也是体现服装CAD优越性的关键技术。排料系统可以与绘图设备连接在一起，排好的马克图可以日夜不停的输出，大大减轻服装技术人员的负担，提高了工作效率，同时也降低了生产成本。

1. 系统工具栏

该工具栏是关于文件操作的命令，包含新建、打开、保存、打印、绘图等工具图标(图6-7)。

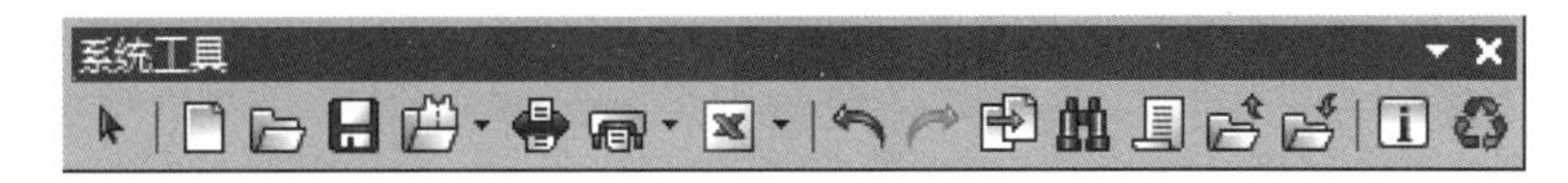

图6-7

(1) 开启款式

用于将需要排料的样板导入排料系统。

操作方法：

① 文件名称：查找需要进行排图档案，按【载入】。

② 开启款式文件，显示正确的排图档案，按【确定】。

（2）报告于 Excel

完成排唛后，可直接输出 Excel 报告（图 6-8），报告内部包括以下信息：

内部数据，包括款号；

纸样/制单信息，包括每件纸样的顺序的信息；

排图绘图，包括排唛图的缩图；

检查解决方案，包括检查方案报告；

成本报告，包括成本计算报告；

时间报告，包括时间计算报告；

电邮，以邮件方式传送排料图文件、Excel 文件、Meta 文件。

Excel 文件，包括文件储存的位置；

附加报告至现用文件，将报告插入到现有的 Excel 文件里。

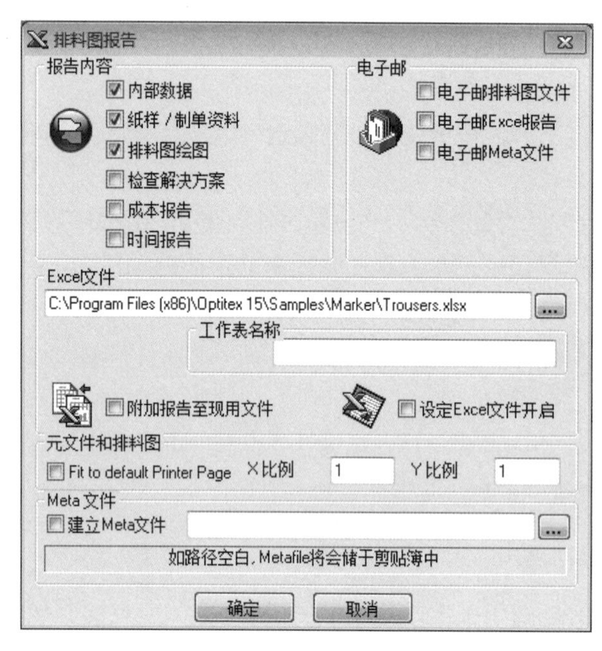

图 6-8

（3）导入或输出

可导入或输出 CAD/CAM 格式的文件。

2. 一般工具栏

该工具栏用于查看排料图、测量及做牙口和标文字等（图 6-9）。

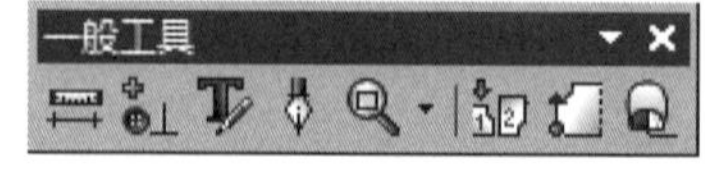

图 6-9

（1）测量工具

测量样片的长度。

操作方法：

① 点击测量工具。

② 点击需要测量纸样，并拖动到需要位置，结束测量。

③ dx 的距离，dy 的距离，与实际距离一起显示在屏幕的底部。

（2）剪口

建立剪口（图 6-10）。

操作方法：

① 点击剪口工具。

② 点击想添加的剪口的位置，【建立剪口】对话框出现。

③ 选择所需剪口属性，点击【确定】。

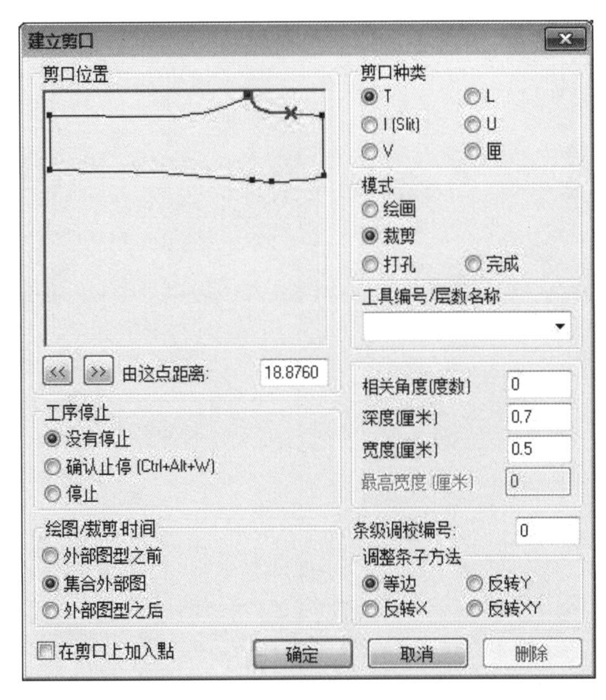

图 6-10

(3) 显示切割/绘图次序

用于显示或隐藏切割/绘图次序编号。

(4) 更改切割/绘图次序

用于更改切割/绘图次序的起始点。

3. 纸样工具栏

纸样工具(图 6-11)，可更改纸样信息和属性，更改后的属性可以采用于打开的排料图文件。但是对于纸样信息和属性参数，最好在打板软件程序里编辑修改。

图 6-11

(1) 纸样数据

样片内部资料，在排图时可作修改，修改资料只是当前排图用，不会更改 PDS 的内容(图 6-12)。

(2) 全部尺码数据

样片全部尺码内部资料，在排图时可作修改，修改资料只是当前排图用，不会更改 PDS 的内容。

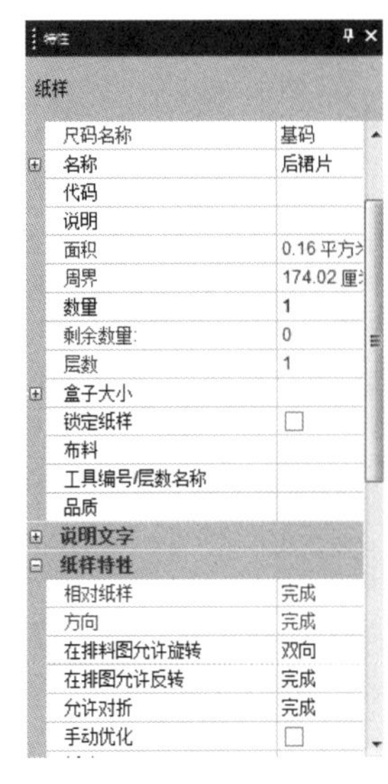

图 6-12

(3) 编辑纸样

对选择的纸样做编辑(图 6-13)。

操作方法:

① 选择所需样片。

② 选择编辑纸样工具,出现【纸样编辑器】对话框。

③ 选择所需的选项。(如缓冲区,加点,翻转等)

④ 输入更改数值,按【关闭】。

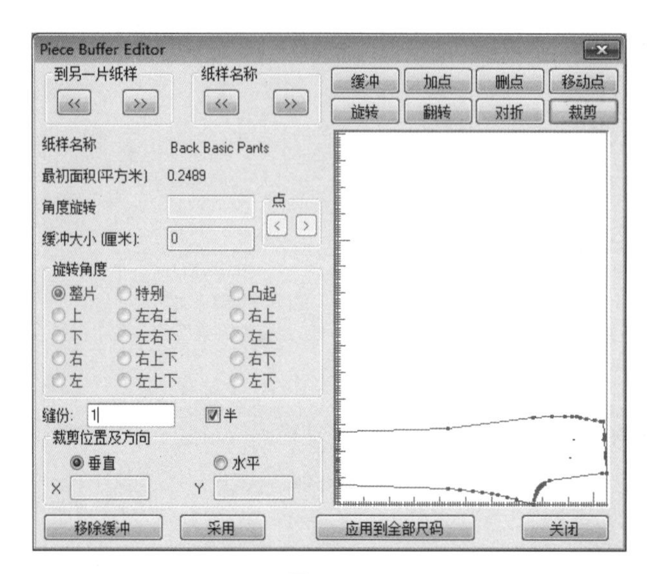

图 6-13

(4) 内部

内部次序:可以用来查看每个内部对象或剪口之间位置。

条纹调整方法:

工序停止:确定是否停止这个内部工作。

绘图/裁剪时间:当内部进行切割或绘画时,剪口或内部资料是在切割之前还是之后。

唯一图视:确定需要修改的样片。

(5) 孔洞内部

(6) 总体内部

修改内部资料参数。

4. 放置工具栏

用于操作放置衣片的方法(图 6-14)。

(1) 放入所选纸样于排图

可放置一片纸样到排图工作区内,或放超出其实际数量样片。

图 6-14

(2) 放入一捆扎

放入一套样片于排图工作区内。

(3) 全部放入

选择所有样片，一次全部放在排图工作区内。

5. 排料图工具

有排料图的定义、检查纸样重复等功能的工具(图6-15)。

图6-15

(1) 开启定义排图对话盒(Ctrl＋M)

排图名称：输入名称在绘图时会出现在档案开始。

排图面积：输入宽度(Y)和长度(X)的数值。

排图排列：列表保存的宽度、长度和名称，加载设置，点击“应用”按钮。

层数模式：设置布层的数量。

层数模式：单张 / 圆桶 / 合掌 / 折装(折叠)。

排图布料：选择排图纸样需要的布料参数。

带剩余部分的排图面积：设置布料布边的数值。

(2) 侦察重叠

检查排图是否有纸样重叠。

(3) 删除重叠

将排图有重叠的纸样删除。

(4) 复制

复制排图样片。

(5) 排列

排列样片。

(6) 替代纸样

替代纸样的尺码或样片更新。

操作方法：

① 打开已排图的档案，选择替代工具。

② 选择进行替代的档案，如尺码替代在尺码代替栏：左边为现用尺码，右边为需代替尺码，选择完成后，按【确定】。

6. 排图工具

排图工具栏主要是用于自动排料(图6-16)。

图6-16

(1) 自动排图

清楚原来排图用计算机自动排图。

(2) 停止自动排图

（3） 继续自动排图

在进行排图工作时，可先将大的纸样手工排图，小的纸样计算机自动排图。

（4） 自动排图只用选择纸样

自动排图时只用选择的纸样，其他纸样手工排图。

（5） 设定自动排图

可根据实际要求进行自动排图项目选择（图 6-17）。

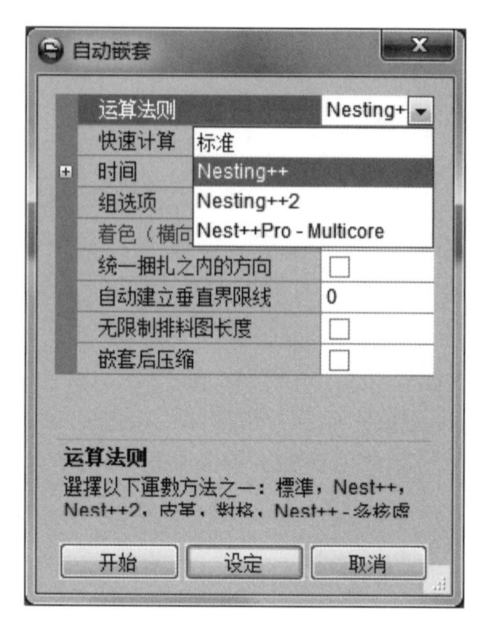

图 6-17

（6） 自动排图排队

当离开时可以设定一个自动排图的排队，计算机自动完成所设定的排图工作。

操作方法：

① 点击第一个文件栏位，并出现一个小箭头，点击箭头来浏览系统选择文件。

② 单击“确定”，文件将被添加到队列中。

（7） 每一尺码的样片放置入排料区

（8） 自动排图纸样跟纸样

（9） 立即排图

（10） 执行压缩（只在排图完成后）

排图完成后，再执行排图压缩。

（11） 重新排纸样于排图上

（12） 填充颜色于列数

（13） 开始分批处理档：批处理文件

（14） 停止分批处理档：停止批处理文件

（15） 断续分批处理文件完成/断续分批处理文件

（三）排料

在 PGM 打板系统里将不要的样板删除掉，根据服装号型进行推档。打开 PGM 排料系统，调入样板进行排料操作。

其操作步骤如下：

① 若已经打开 PGM 排料系统，则通过单击新文件按钮 或者选取【编辑】|【清幕及开新排料图】命令，弹出“排料图定义”对话框，宽度输入框中输入 150 cm，长度输入框中输入 1000 cm。

② 若未打开 PGM 排料系统，则需先双击桌面 Mark 快捷方式图标或者选取【开始】|【所有程序】|【PGM】|【Mark】命令，进入 PGM 排料系统，然后再进行其他操作。

排料操作步骤如下：

① 单击开启款式图标 ，或选取【编辑】|【开启款式文件】命令，弹出“选择款式文件”对话框，图形选择项一般选择“两者（车缝及裁剪）”项，点击 按钮，选择欲排的样板文件，弹出“排料图制单”对话框，在“尺码资料”选项中设定设计名称以及设定每版中的号码及件数。

② “排料图制单”对话框的“纸样资料”中设定各片样板的纸样名称、数量、相对以及旋转等要求（图 6-18）。

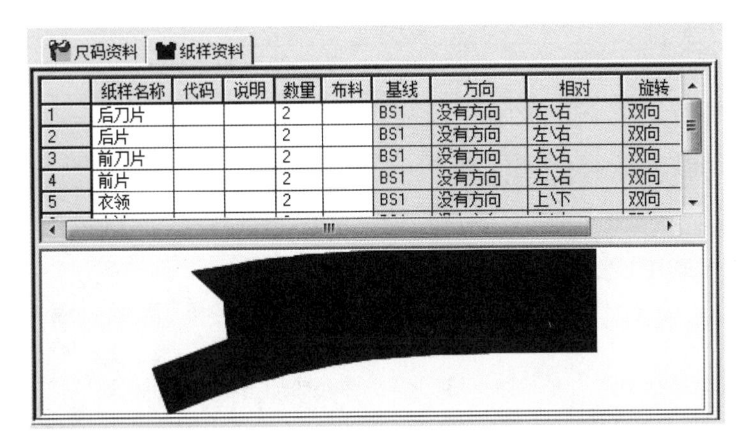

图 6-18

③ 按照排料规则排料。先点击纸样排栏里某个衣片的某个尺码，然后将纸样料排栏里的衣片拖放到排料区；也可以将纸样排料栏里的所有衣片选中之后点击全部放入按钮，将所有待排衣片放入排料区，然后将衣片排好。

6.4　项目操作

一、女西服结构设计

女西服号型规格、结构设计步骤分别见表 6-1 和表 6-2 所列。

表 6-1　女西服号型规格　　单位：cm

号型	155/80A	160/84A	165/88A	档差
衣长（L）	58	60	62	2
胸围（B）	88	92	96	4
臀围（H）	93	97	101	4
腰围（W）	70	74	78	4
领围（N）	39	40	41	1
肩宽（S）	39	40	41	1
袖长（SL）	52.5	54	55.5	1.5
袖口宽（CW）	10.8	11	11.2	0.2

表 6-2　女西服结构设计步骤

图　示	步　骤	命　令	操 作 方 法
	设定单位	其余设定	选取【工具】|【其余设定】，弹出“其余设定”对话框，单击【主要部分】，选择【工作单位】子项目，单位选“cm”，公差选“0.01”。

（续表）

图　示	步　骤	命　令	操作方法
	绘制后衣片大轮廓	新建 建立矩形纸样	➢ 单击新建文件按钮，清屏； ➢ 选取【纸样】|【建立纸样】|【建立矩形纸样】，弹出“开长方形”对话框，长度输入 23(B/4)，宽度输入 60(L)。
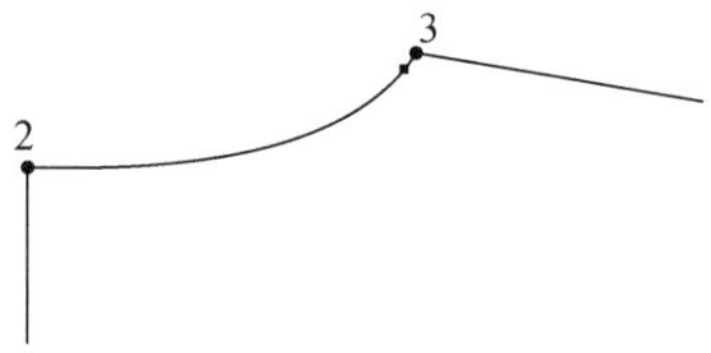 2 3	后领窝线	线段加点 多个移动 移动点	➢ 选取“线段加点”工具，在上平线偏左位置上单击，弹出“点特性”对话框，在累增-上一步输入框输入领宽 8(N/5)； ➢ 选取“多个移动”工具，框选新增加的点，然后单击该点向上移动，弹出“所选矩形移动点及对象”对话框，X 框输入 0，Y 框输入定寸 2.3； ➢ 选取“移动点”工具，按住 Shift 键，拉出领窝曲线。
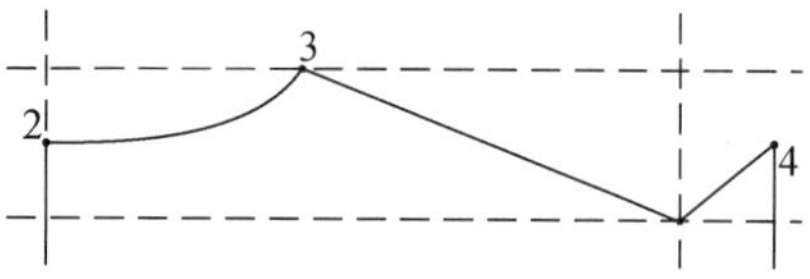 3 2 4	肩斜线	辅助线 移动点	➢ 拉出过后领窝点的竖直辅助线，按住 Ctrl 键单击该线，弹出“辅助线性质”对话框，由线距离框输入 20(S/2)，得到肩宽所在位置； ➢ 拉出过颈侧点的水平辅助线，按住 Ctrl 键单击该线，弹出“辅助线性质”对话框，由线距离框输入 －4.6 (B/20)，得到落肩所在位置，与上一条线的交点即为肩点位置； ➢ 选取“移动点”工具，从上斜线拉一点到肩点上，即得到肩斜线。
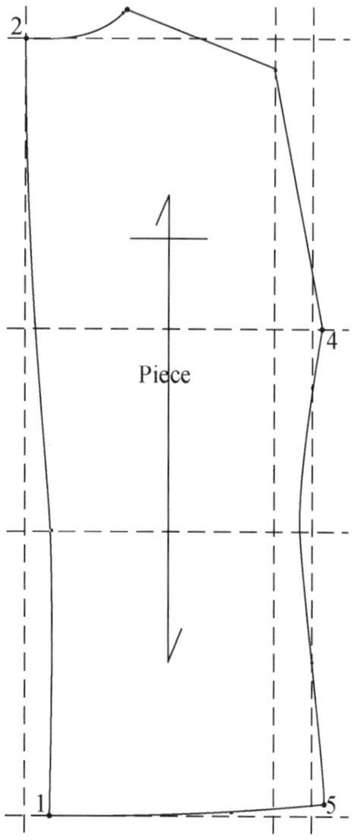 2 4 Piece 1 5	胸围 腰围 下摆围	辅助线 移动点	➢ 做过后领窝点的水平辅助线； ➢ 按住 Ctrl 键，单击该线，输入 －22.3 (B/6＋7)，得到胸围线位置； ➢ (按住 Ctrl 键，单击后领窝点水平线，输入 －38，得到腰围线位置；) ➢ 拉出过侧缝线的竖直辅助线； ➢ 选取“移动点”工具，分别将胸围大点外拉 0.8，腰围点内收 1，侧摆点外放 1、上抬 1； ➢ 选取“移动点”工具，将侧缝线和底摆线条处理成圆顺曲线。

(续表)

图　示	步　骤	命　令	操 作 方 法
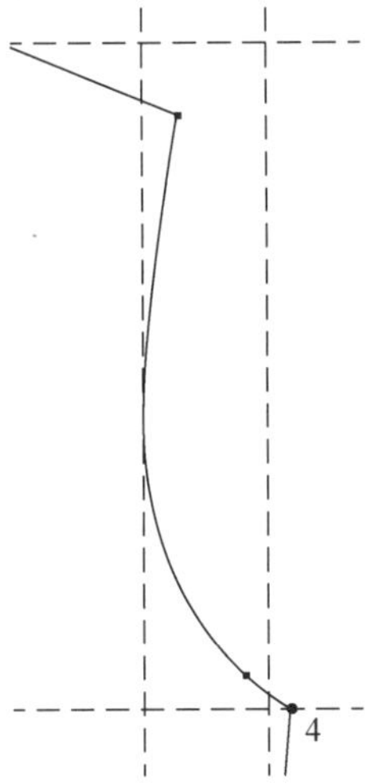	袖窿线	辅助线 移动点	➢ 做过后中线辅助线的平行线，距离 18.8(B/6 + 3.5)，得到背宽线； ➢ 选取“移动点”工具，将袖窿斜线处理成圆顺曲线。
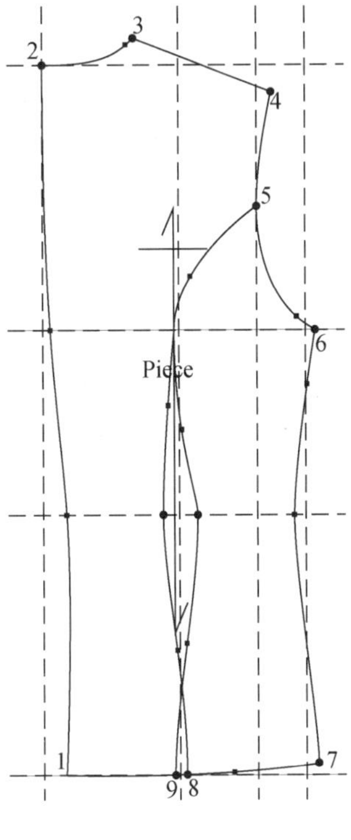	刀背缝	草图 移动点 辅助线 钮位距离	➢ 选取“钮位距离”工具，找到腰围的中点位置，半径取 0.1； ➢ 过该点做一条竖直辅助线； ➢ 选取“草图”工具，在袖窿线中点偏上位置单击，得到第一点，在选段上抓点，选“是”，按住 Shift 键单击第二点，第三点单击腰线中点，以捕捉点方式向左 1.5，下摆围点是竖直辅助线与底边交点往右 0.5； ➢ 同理，用草图工具划出另外条线； ➢ 需用“移动点”工具，将上述两条分割线处理好。

（续表）

图 示	步 骤	命 令	操 作 方 法
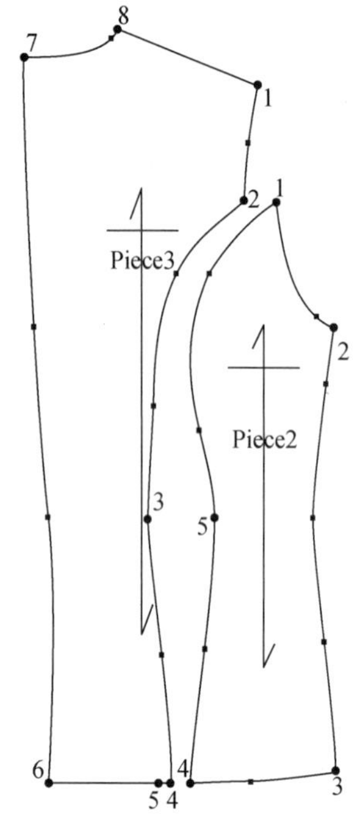	分割衣片	描绘线段	➢ 选用“描绘线段”工具，顺时针方向依次点选构成样板的线段，形成封闭曲线后会弹出“完成纸样图形”对话框，选择“是”即得到需要的样板； ➢ 完成样板后，用空格键移动到样板上，将样板移到空白处，完成后衣片的制作。
	绘制前衣片大轮廓	建立矩形纸样	➢ 选取【纸样】|【建立纸样】|【建立矩形纸样】，弹出“开长方形”对话框，长度输入 23(B/4)，宽度输入 61(L＋1)。
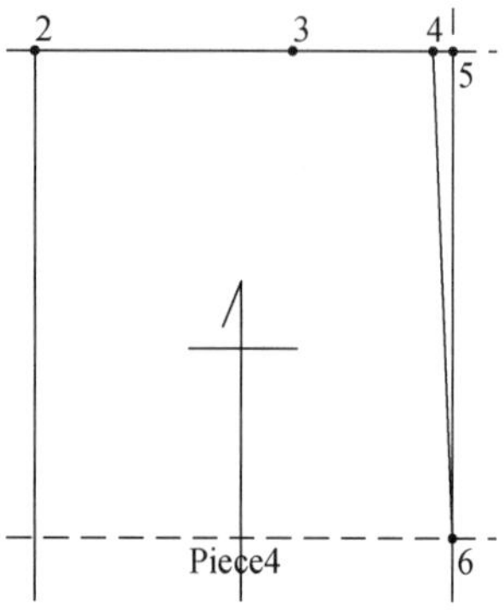	胸围线 撇胸 横开领	辅助线 草图 线段加点	➢ 拉出过上平线的辅助线，按住 Ctrl 键，单击该线，弹出“辅助线性质”对话框，输入 B/6＋7＋2.3＋1（－25.6），得到胸围线辅助线，拉出过前中线的辅助线； ➢ 选择“草图”工具，点击前中线与胸围的交点，再单击上平线与前中线的交点，弹出“点位置”对话框，X 输入框输入－1，完成撇胸线； ➢ 选择“线段加点”工具，从撇胸往左 7.8(N/5－0.2)，得到横开领位置。
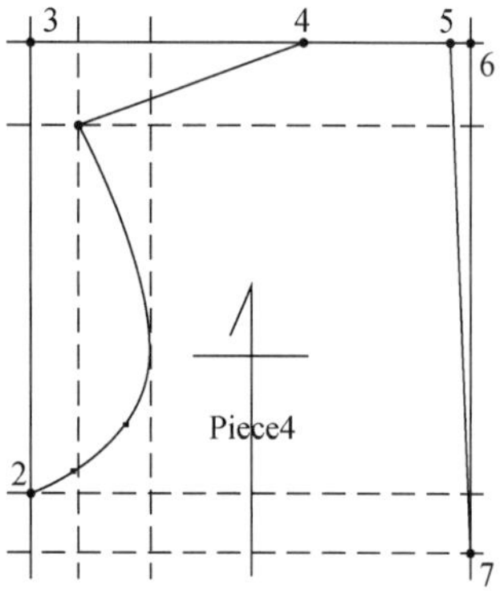	肩斜线 袖窿弧线	辅助线 草图	➢ 用辅助线画出肩宽线，距离前中线－20.5(S/2－0.5＋1)； ➢ 用辅助线画出落肩线，距离上平线－4.1(B/20－0.5)； ➢ 用辅助线画出胸围线，距离原胸围线 3； ➢ 选择“草图”工具，将颈侧点、落肩点和袖窿深点依次连接； ➢ 选择“移动点”工具，调整袖窿曲线。

（续表）

图　示	步　骤	命　令	操 作 方 法
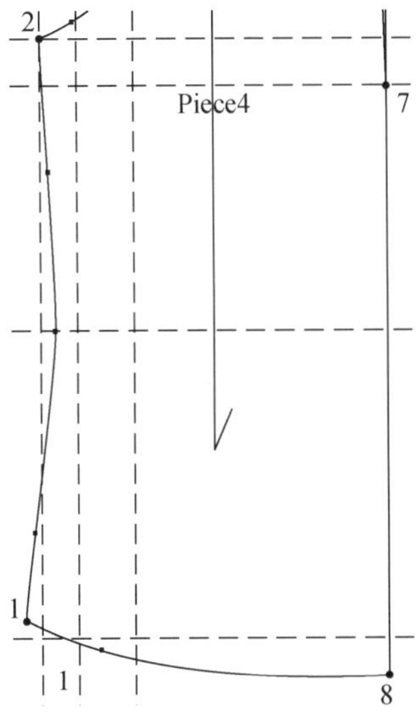 2 Piece4 7 1 1 8	侧缝线 下摆围	移动点	➢ 选择“移动点”工具，调整侧缝线，其中腰部收进 1，下摆围侧缝点外放 1、上抬 1，前中下摆围点下放 2.5，处理过程中捕捉方式选抓取点。
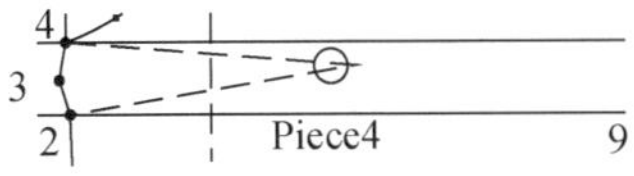 4 3 2 Piece4 9	胁下省		➢ 选择“死褶”工具，画出胁下省。
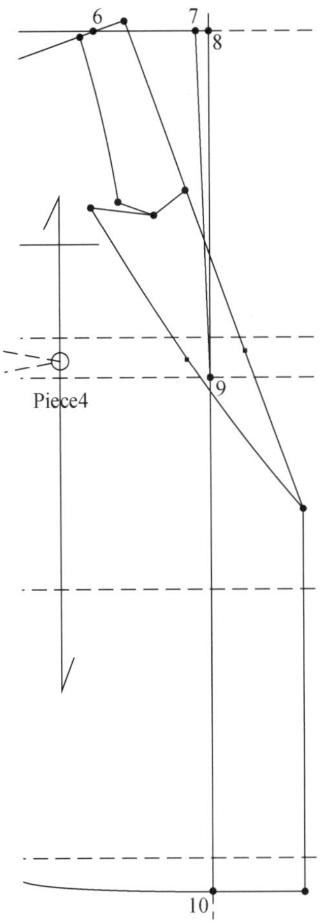 6 7 8 Piece4 9 10	门襟止口线 驳折线 衣领形态	延伸图形 草图 移动点 加入点/线于在线	➢ 用选取工具选中肩线，选择“延伸图形”工具，弹出“延长图形曲线”对话框，顺向延长 2.5； ➢ 选择“草图”工具，画出门襟止口线和驳折线，其中搭门宽 7，驳折点在腰围线往上 6； ➢ 选中驳折线，选取【设计】|【加入】|【加入点/线于在线】命令，输入 3，将驳折线三等分； ➢ 选择“草图”工具，根据衣领形态画出衣领。

（续表）

图　示	步　骤	命　令	操 作 方 法
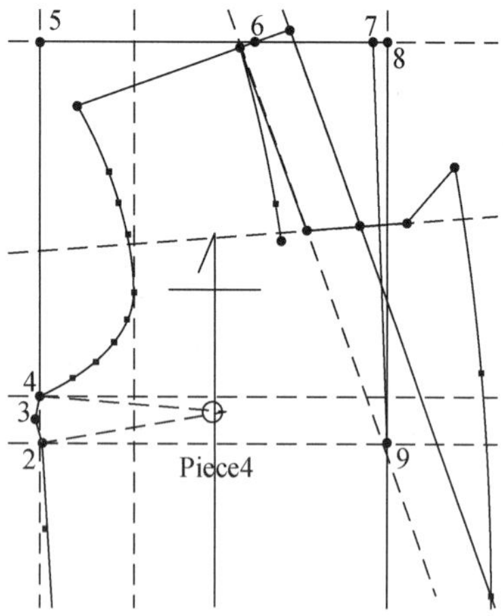 5 6 7 8 4 3 2 Piece4 9	驳领反转	沿着所选位置反转 辅助线 草图	➢ 选取“沿着所选位置反转”工具，单击反转对称轴，再选择需反转的内部（驳头）； ➢ 用辅助线找到衣领位置； ➢ 选取“草图”工具，画出衣领。
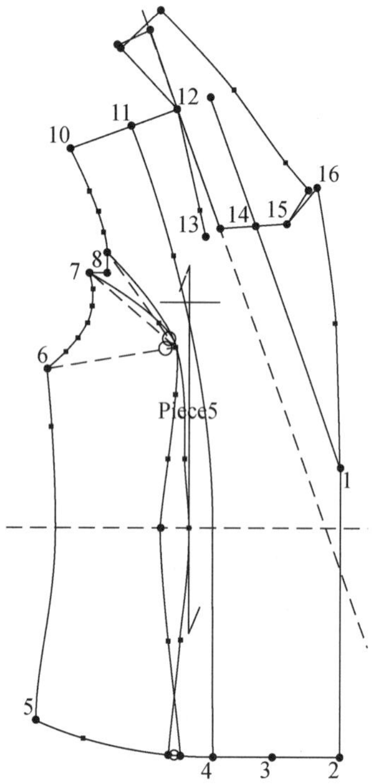 10 11 12 16 13 14 15 8 7 6 Piece5 1 5 4 3 2	腋下省大身分割线 挂面	描绘线段 辅助线 死褶工具 草图 移动点	➢ 选取“描绘线段”命令，沿顺指针方向依次选取构成衣片的线段，得到衣片的基础形状； ➢ BP点位置：腰围线往上17，距离前中线8.5； ➢ 按住Ctrl单击前中线，输入－10，得到刀片分割位置； ➢ 选取“草图”工具，画出刀片分割线，其中袖窿分割处在袖窿中点，腰部省量2，下摆围放出0.5； ➢ 选取“死褶”工具，做腋下省； ➢ 选取“草图”工具，画出挂面形态，肩线处大小5，下摆围处大小13； ➢ 选取“移动点”工具，调整挂面线条。
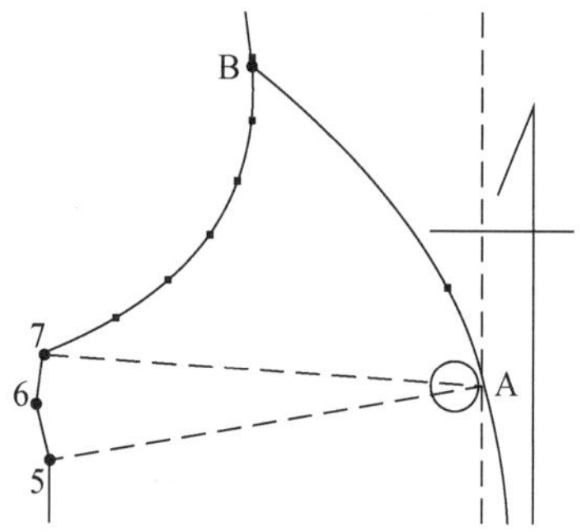 B 7 6 5 A	省道转移	死褶工具	➢ 选取“死褶”工具，单击省尖A，然后单击新省道打开位置B，再单击原省道闭合始点＃7，弹出“死褶中心点”对话框，百分比输入框输入100，完全转移。

（续表）

图　示	步　骤	命　令	操作方法
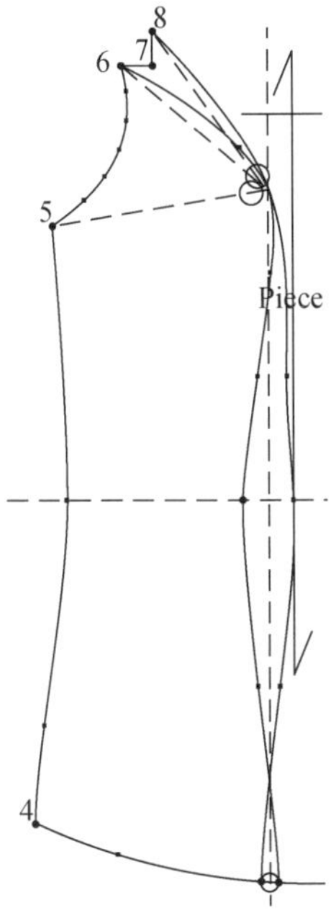	刀片分割线	草图 移动点	➢ 选取“草图”工具，画出刀片分割线，其中袖窿分割处在袖窿中点，腰部省量2，下摆围放出0.5，在单击时按住Shift键，使绘制得到的线条是曲线； ➢ 选取“移动点”工具，调整分割线形态。
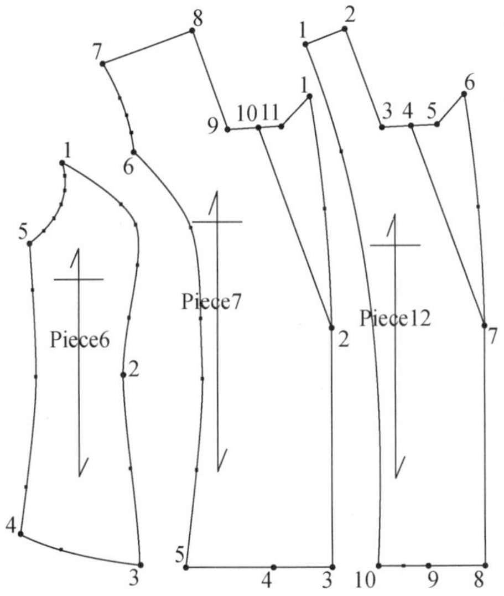	前刀片 前衣片 挂面	描绘线段 移动纸样 Space	➢ 选取“描绘线段”命令，沿顺指针方向依次选取构成衣片的线段，得到衣片的基础形状； ➢ 将鼠标移动到衣片上面，按住Space键，将衣片移动到空白区域。
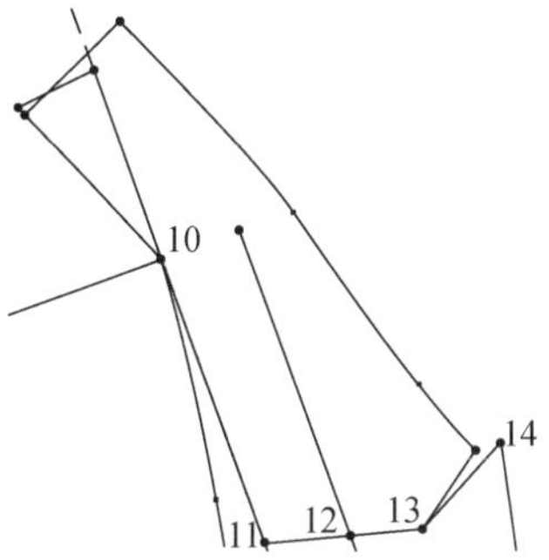	衣领	长度 辅助线； 草图 移动点	➢ 选取装领线线段，画出该线的辅助线； ➢ 选取“长度”命令，量出后领窝弧线长度； ➢ 选取“草图”命令，单击颈侧点，沿装领线辅助线单击，弹出“移动点”对话框，切换到由线段选项，角度框不变，距离框输入后领窝弧线长度；沿左下方成90°方向点击，弹出“移动点”对话框，切换至“角度图形”选项，角度框输入－90，斜向框输入垂卧量3.5；点击颈侧点，完成读图，得到领下口位置。

（续表）

图　示	步　骤	命　令	操 作 方 法
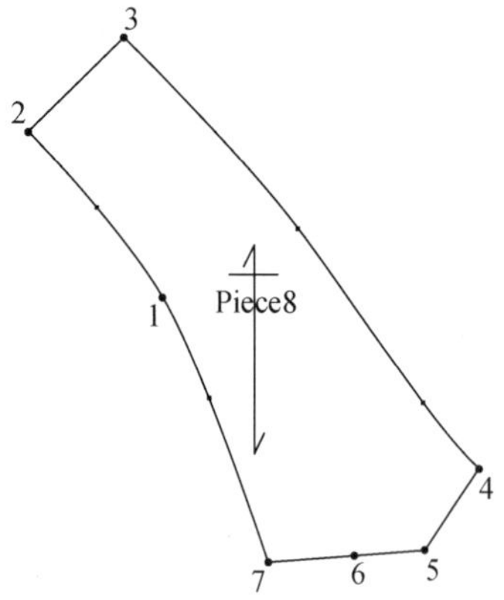			➢ 选取“草图”命令，单击颈侧点，沿领下口线单击，弹出“移动点”对话框，切换到由线段选项，角度框不变，距离框输入后领窝弧线长度；沿右上方成 90°方向点击，弹出“移动点”对话框，切换至“角度图形”选项，角度框输入 90，斜向框输入领宽 5.5；根据衣领形态完成衣领基础形态； ➢ 选取“移动点”命令，调整领外口线形态； ➢ 选取“描绘线段”命令，沿顺指针方向依次选取构成衣领的线段，得到衣领的基础形状，并作适当调整。
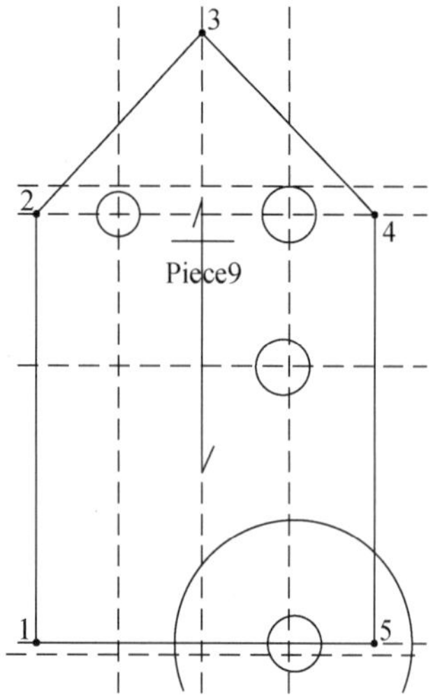	衣袖基础线	建立矩形纸样 辅助线 线段加点 加入个别钮位 圆形 移动点 对齐点	➢ 选取【纸样】|【建立纸样】|【建立矩形纸样】，弹出“开长方形”对话框，长度输入 40，宽度输入 54（SL）； ➢ 选取“线段加点”工具，画出上平线的中点； ➢ 选取“圆形”工具，以袖山高点为圆心，以 FAH + 0.5 和 BAH + 0.5 为半径画圆，得到前后袖肥点； ➢ 选取“移动点”工具，分别将右上角和左上角的点移动到前后袖肥点位置； ➢ 拉出过袖山高的水平线和竖直线，画出袖山高线－16.1（AH/3＋1.5）；袖肘线－29.5（SL/2＋2.5） ➢ 选取“加入个别钮位”工具，分别找出前半袖和后半袖的中点，并拉出过这两点的竖直线； ➢ 选取“圆形”工具，画出袖底缝和袖偏的位置，其中袖底缝上中下圆的圆心分别在交点处、交点处往左0.5、交点处往右 0.5，半径 2.5；袖偏圆的圆心在交点处，半径 2，袖口大圆的圆心交点偏右 0.5，半径 11（CW）。
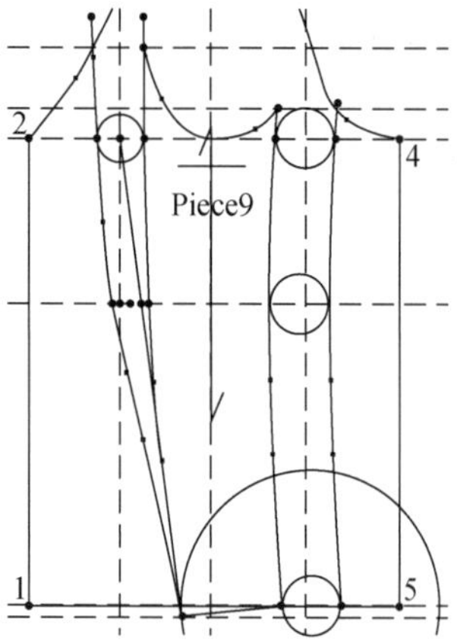	袖底缝 袖偏缝	草图 辅助线 延伸图形 移动点	➢ 选取“草图”工具，画出袖底缝、袖偏缝和袖口的线条； ➢ 选取“延伸图形”工具，延伸袖底缝和袖偏缝与袖山弧线相交； ➢ 拉出过大袖袖底缝和袖偏缝与袖山弧线交点的水平线； ➢ 选取“草图”工具，画出小袖袖山弧线； ➢ 选取“移动点”工具，调整大袖袖偏线和小袖袖山弧线等线条。

（续表）

图　示	步　骤	命　令	操作方法
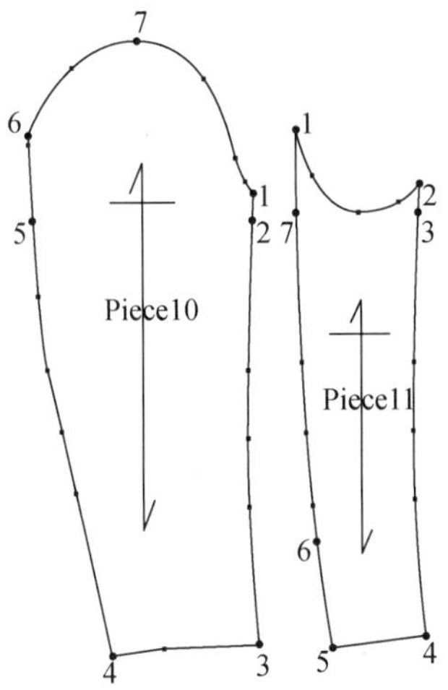	完成大袖和小袖	描绘线段 移动纸样 Space	➢ 选取“描绘线段”命令，沿顺时指针方向依次选取构成衣袖的线段，得到衣袖； ➢ 将鼠标移动到衣片上面，按住Space键，将衣片移动到空白区域。
	缝份	设定基本缝份 缝份	➢ 选取【工具】|【缝份】|【设定基本缝份】，弹出“设定基本缝份”对话框，勾选“在工作区内纸样”，缝份宽度框输入1； ➢ 选取“缝份”工具，顺时针单击前片下摆围，弹出“缝份特性”对话框，缝份宽度框输入4，初步开始缝份、终结缝份的反转方式，单击【采用】，观察缝份效果是否符合要求，若不符合则调整； ➢ 依次完成其他衣片特殊部位的缝份设置。

女西服样板示意图

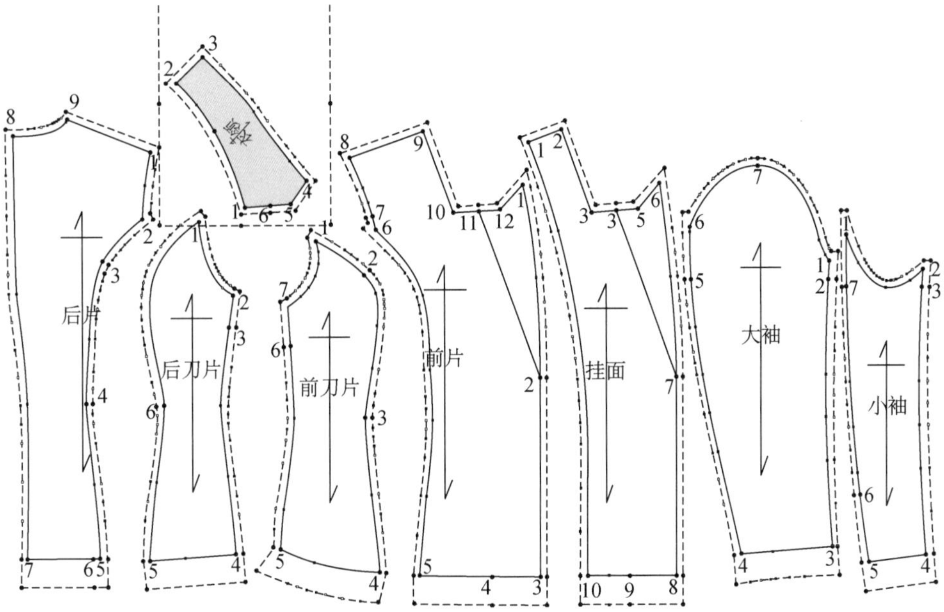

二、女西服放码

女西服号型规格及放码见表 6-1、表 6-3 所列。

表 6-3　女西服放码步骤

图　示	步　骤	命　令	操 作 方 法
	打开放码表	Ctrl + F6	➢ 按快捷键 Ctrl + F6，打开“放码表”对话框。
	设置样板的尺码	尺码	➢ 选取【放码】|【尺码】命令，弹出“尺码”对话框，将当前码改为 M 码，通过“插入”命令添加 S 码、“附加”命令添加 L 码，完成尺码设置； ➢ 确定 M 码为基本码。
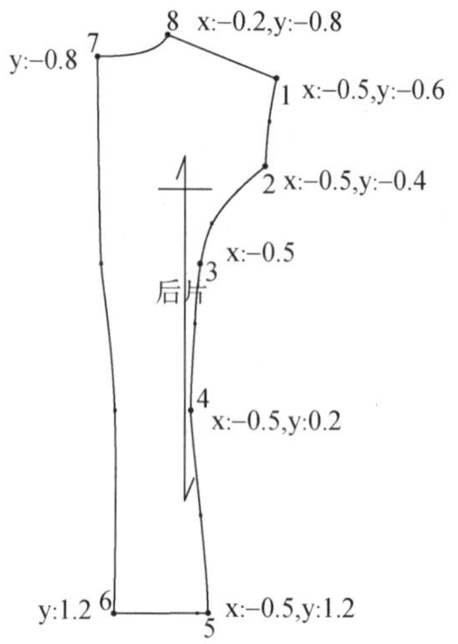 8 x:−0.2,y:−0.8 y:−0.8 7 1 x:−0.5,y:−0.6 2 x:−0.5,y:−0.4 3 x:−0.5 后片 4 x:−0.5,y:0.2 y:1.2 6 5 x:−0.5,y:1.2	设置后片的放码值	复制、粘贴、粘贴 X 值、粘贴 Y 值  dx、dy dx dy	选取某个放码点，出现直角坐标，以及该点的 dx、dy 值的输入框。 ➢ 点取 # 1 点，在最小号输入框中 尺码 dx dy S -0.5 -0.6 输入 dx = −0.5，dy = −0.6； ➢ 选中 dy 列，点击鼠标右键，弹出菜单，选取“全部相等”命令， 尺码 dx dy S -0.5 -0.6 M 0 0 L 0.5 0.6 完成 了 # 1 点的放码值的设置； ➢ 其他点的放码值的设置类似。 ➢ 也可以通过复制、粘贴、粘贴 X 值、粘贴 Y 值等命令提高设置放码值的效率。
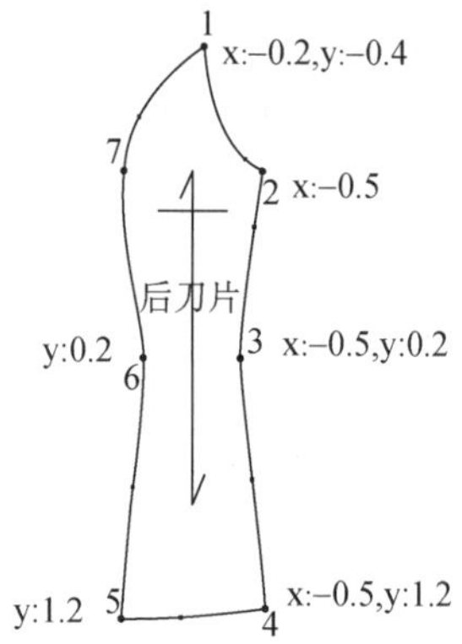 1 x:−0.2,y:−0.4 7 2 x:−0.5 后刀片 y:0.2 6 3 x:−0.5,y:0.2 y:1.2 5 4 x:−0.5,y:1.2	设置后刀片的放码值	同上	➢ 操作步骤与上类似，放码值如左图。

（续表）

图　示	步　骤	命　令	操 作 方 法
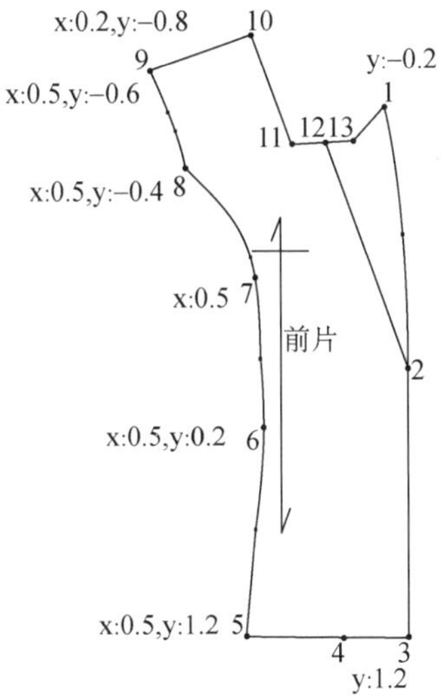 x:0.2,y:−0.8 10 9 x:0.5,y:−0.6 y:−0.2 1 11 1213 x:0.5,y:−0.4 8 x:0.5 7 前片 2 x:0.5,y:0.2 6 x:0.5,y:1.2 5 4 3 y:1.2	设置前片的放码值	同上	➢ 操作步骤与上类似，放码值如左图。
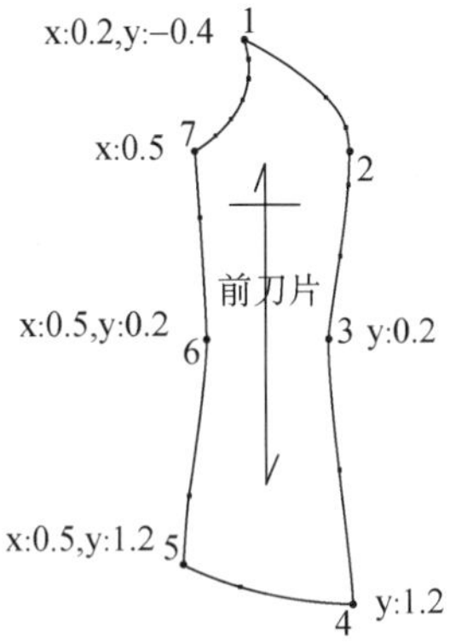 x:0.2,y:−0.4 1 x:0.5 7 2 前刀片 x:0.5,y:0.2 6 3 y:0.2 x:0.5,y:1.2 5 4 y:1.2	设置前刀片的放码值	同上	➢ 操作步骤与上类似，放码值如左图。
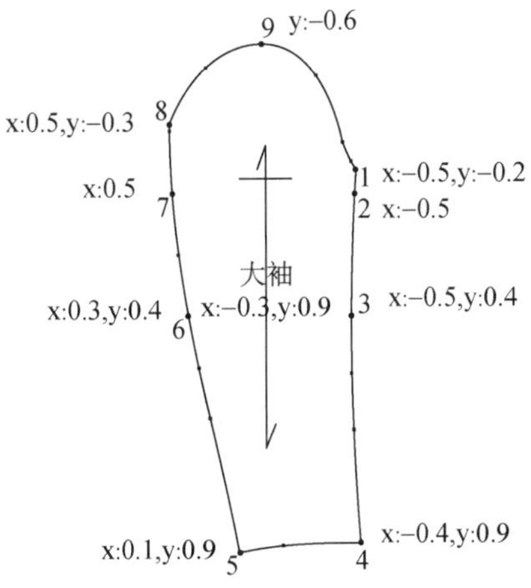 9 y:−0.6 x:0.5,y:−0.3 8 1 x:−0.5,y:−0.2 x:0.5 7 2 x:−0.5 大袖 x:0.3,y:0.4 6 x:−0.3,y:0.9 3 x:−0.5,y:0.4 x:0.1,y:0.9 5 4 x:−0.4,y:0.9	设置大袖的放码值	同上	➢ 操作步骤与上类似，放码值如左图。

（续表）

图　示	步　骤	命　令	操　作　方　法
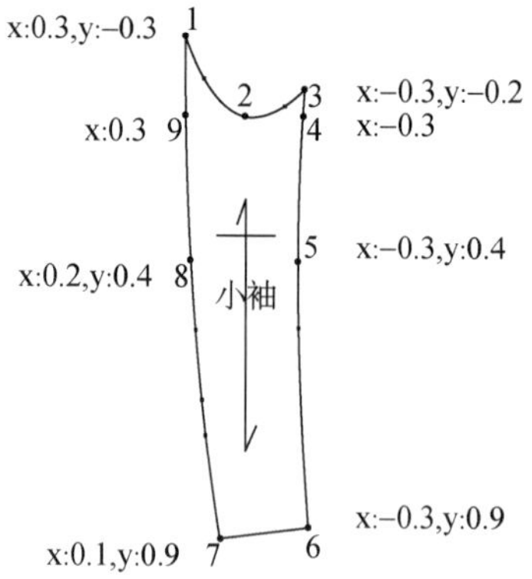	设置小袖的放码值	同上	➢ 操作步骤与上类似，放码值如左图。
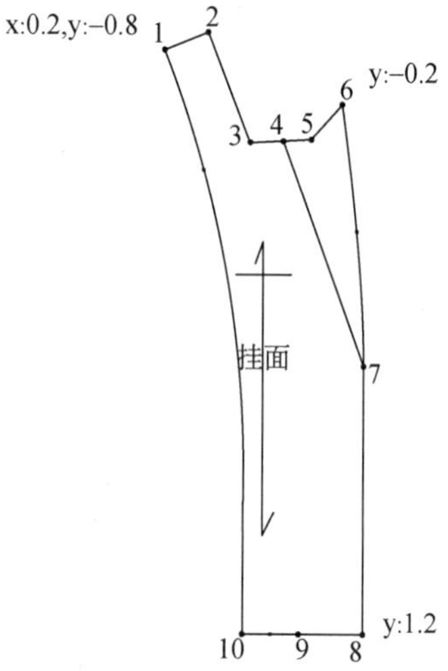	设置挂面的放码值	同上	➢ 操作步骤与上类似，放码值如左图。
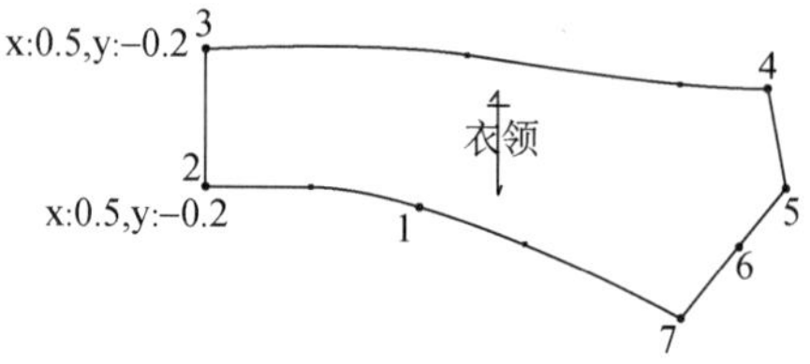	设置衣领的放码值	同上	➢ 单击＃2 点，选取角度 工具，并在角度框将其角度改为 0；同理，对＃3 点也将其角度改为 0； ➢ 放码值操作步骤与上类似，放码值如左图。

（续表）

图　示	步　骤	命　令	操 作 方 法
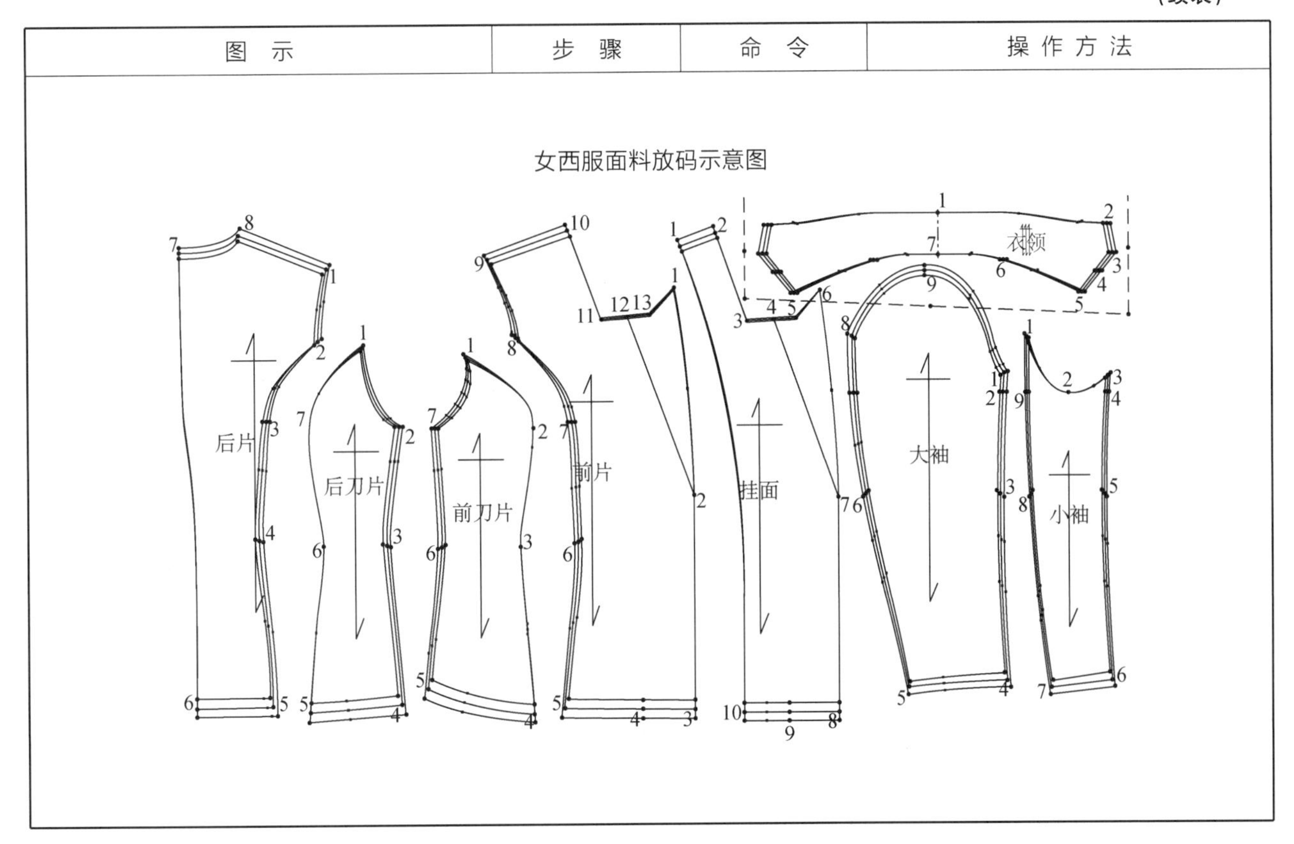			

三、女西服排料

打开 PGM 排料系统，调入女西服样板进行排料操作。

其操作步骤如下：

（1）若已经打开 PGM 排料系统，则通过单击新文件按钮 或者选取【编辑】|【清幕及开新排料图】命令，弹出“排料图定义”对话框，宽度输入框中输入 150 cm，长度输入框中输入 1000 cm。

若未打开 PGM 排料系统，则需先双击桌面 Mark 快捷方式图标或者选取【开始】|【所有程序】|【PGM】|【Mark】命令，进入 PGM 排料系统，然后再进行其他操作。

女西服排料操作步骤如下：

（1）单击开启款式图标 ，或选取【编辑】|【开启款式文件】命令，弹出“选择款式文件”对话框，图形选择项一般选择“两者（车缝及裁剪）”项，点击 按钮，选择欲排的样板文件，弹出“排料图制单”对话框，在“尺码资料”选项中设定设计名称以及设定每版中的号码及件数。

（2）“排料图制单”对话框的“纸样资料”中设定各片样板的纸样名称、数量、相对以及旋转等要求。

（3）按照排料规则排料。先点击纸样排栏里某个衣片的某个尺码，然后将纸样排栏里的衣片拖放到排料区；也可以将纸样排栏里的所有衣片选中之后点击全部放入按钮，将所有待排衣片放入排料区，然后将衣片排好（图 6-19）。

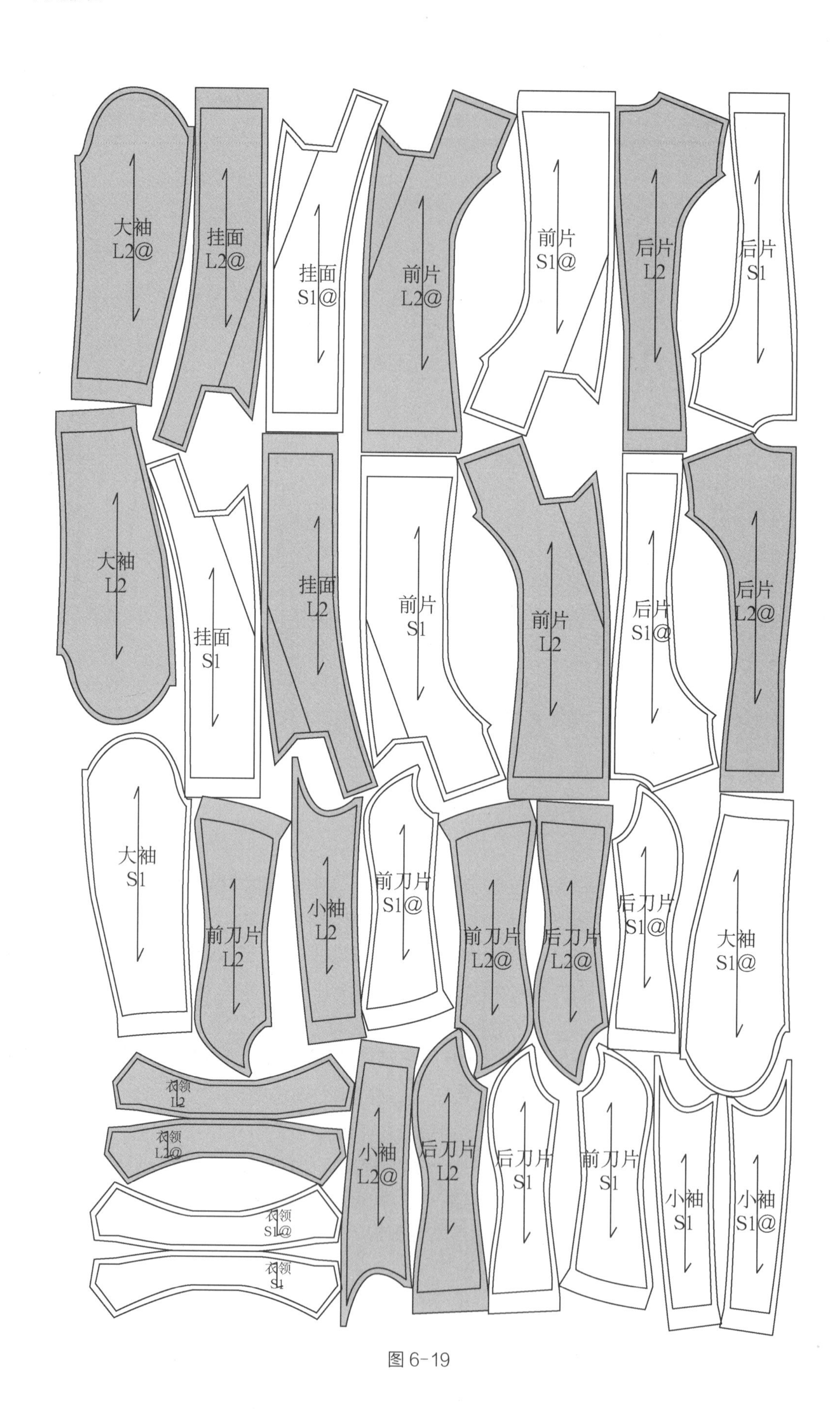
大袖 L2@
挂面 L2@
挂面 S1@
前片 L2@
前片 S1@
后片 L2
后片 S1
大袖 L2
挂面 S1
挂面 L2
前片 S1
前片 L2
后片 S1@
后片 L2@
大袖 S1
前刀片 L2
小袖 L2
前刀片 S1@
前刀片 L2@
后刀片 L2@
后刀片 S1@
大袖 S1@
衣领 L2
衣领 L2@
衣领 S1@
衣领 S1
小袖 L2@
后刀片 L2
后刀片 S1
前刀片 S1
小袖 S1
小袖 S1@

图 6-19

项目 7　女风衣 CAD 打板、放码、排料

7.1　项目描述

女风衣，一种防风的女式轻薄型大衣，是女装中典型的款式之一，适合于春、秋、冬季外出穿着。该款式的制图过程包含了插肩袖的打板与放码等方面的技术问题。本项目选择女风衣作为实训内容，学生通过对 PGM 服装 CAD 软件的描板模块的学习，掌握利用该软件完成插肩袖类服装的结构绘制操作技能。

7.2　项目目标

1. 知识目标

了解女风衣结构制图方法，了解插肩袖在衣领处的分割原则。

2. 技能目标

掌握利用服装 CAD 软件确定肩斜程度和找出袖长所在位置；掌握插肩袖类服装的放码方法。

3. 素质目标

能够使用该系统绘制风衣的结构图，并能举一反三掌握插肩袖类服装的结构及放码的技能。

7.3　项目操作

女风衣是女装中典型的款式之一，使用的季节长，是一种比较受欢迎的服装款式。该类服装廓型变化较小，但在衣领、腰部等局部的设计可以有较多的变化，可根据区域气候特点进行实用的设计，在材料的选择上也可以有多种选择，是服装专业人员必须掌握的女装款式之一。

一、女风衣结构设计

女风衣号型规格、结构设计步骤分别见表 7-1 和表 7-2 所列。

表 7-1　女风衣号型规格　　单位：cm

号型	155/80A	160/84A	170/88A	档差
衣长（L）	89	92	95	3
胸围（B）	120	124	128	4
肩宽（S）	46.8	48	49.2	1.2
袖长（SL）	51.5	53	54.5	1.5
袖口宽（CW）	15.5	17.5	16.5	1
领围（N）	43	44	45	1
下摆围	137	141	145	4

表 7-2 女风衣结构设计步骤

图 示	步 骤	命 令	操 作 方 法
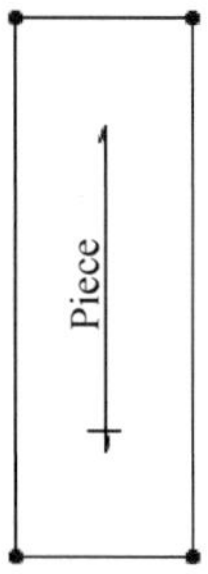 Piece	前衣片大轮廓	新建 建立矩形纸样	单击新建按钮，清屏； 选取【纸样】|【建立纸样】|【建立矩形纸样】，弹出“开长方形”对话框，长度输入 31(B/4)，宽度输入 92(L)。
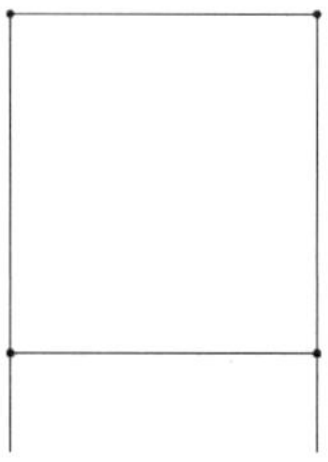	胸围线	草图	➢ 选取“草图”命令，在衣片大轮廓左边线条偏上部位点击，弹出“点位置”对话框，在“至线段”选项的累增-最近点输入框输入 33，右边线条类似操作。
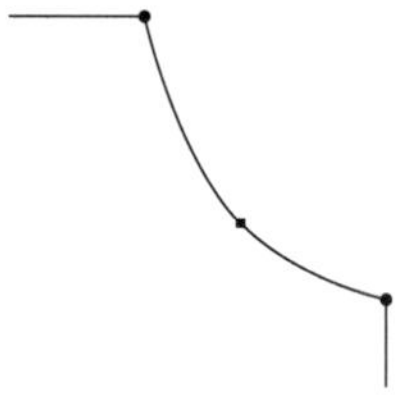	前领窝	线段加点 多个移动 移动点	➢ 选取“线段加点”命令，在上平线上点击，输入领宽 9，选中放码点复选框； ➢ 选取“多点移动”命令，将前中点下移 10； ➢ 选取“移动点”命令，按住 Shift 键，拉出领窝形状弧线。
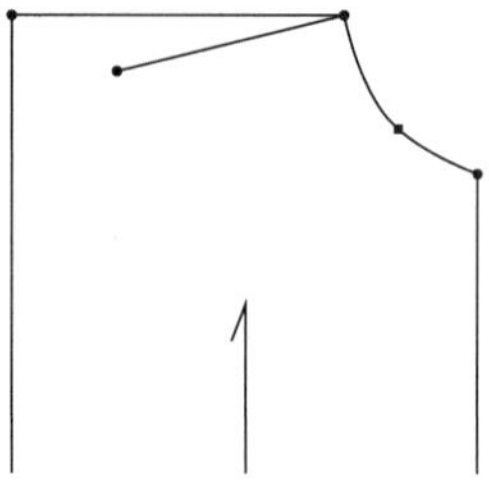	肩斜线	草图	➢ 选取“草图”命令，单击颈侧点得到肩斜的第一点；在该点的左下方点击，弹出“移动点”对话框，在“由点”项目下 dx 框输入 − 15，dy 框输入 − 3.5，完成草图。
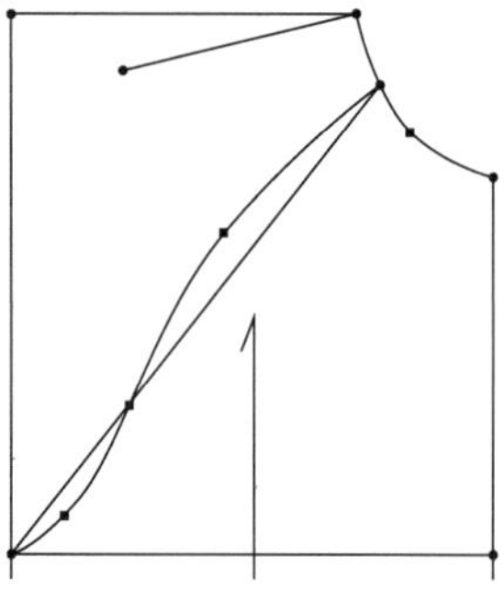	衣身衣袖分割基准线 衣身袖窿线	草图	➢ 选取“草图”命令，单击靠近颈侧点的领窝线，弹出“移动点”对话框，在“至线段”项目下累增-最近框输入 4.5，连接左端胸围点，完成草图； ➢ 选取“草图”命令，配合 Shift 键，画出衣身袖窿线。

（续表）

图　示	步　骤	命　令	操 作 方 法
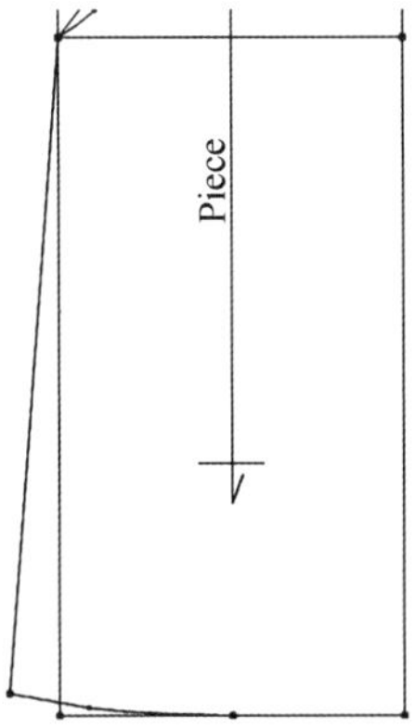 Piece	侧缝线 下摆围线	草图  移动点 	➢ 选取"草图"命令，单击左胸围点，再单击左下摆围点，弹出"移动点"对话框，在"由点"项目下选择"由抓取点"选项，dx 输入外放值 − 4.5，dy 输入上抬值 2； ➢ 再继续点击下摆围线，弹出"移动点"对话框，在"至线段"项目下比例框输入 0.5，完成草图； ➢ 选取"移动点"命令，按住 Shift 键，单击下摆围斜线，拉出下摆围弧线。
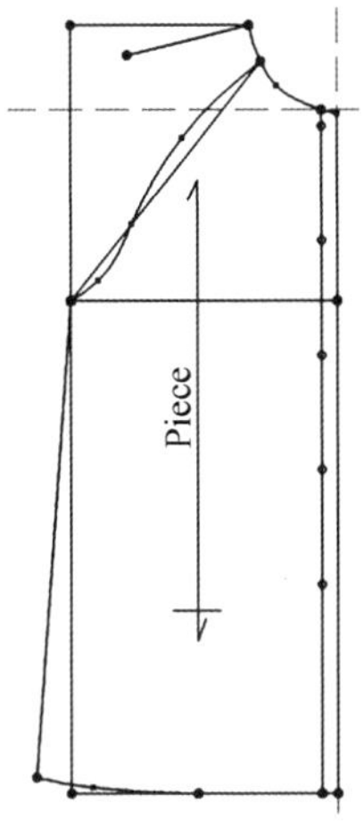 Piece	门襟止口线 钮位	多个移动  辅助线 移动点  加入个别钮位 	➢ 选取"多点移动"命令，将前中胸围点和前中下摆围点，往外移动 2cm； ➢ 拉出过前中领窝点水平辅助线和过门襟止口线的竖直辅助线； ➢ 选取"移动点"命令，拉出领窝顺势延长至门襟止口线； ➢ 选取"草图"命令，画出前中线； ➢ 选取"加入个别钮位"命令，单击前中与领窝的交点，弹出"移动点至有关所选点上"对话框，在"由点"子选项的"由抓取点"下，dy 输入 − 2； ➢ 再点击下摆围前中点，弹出"钮位"对话框，dy 输入 25；弹出"设定钮位相等距离"对话框，输入 3，完成钮位设置。
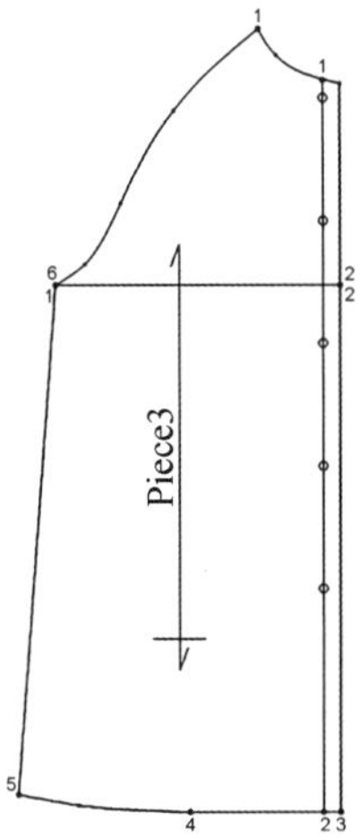 Piece3	完成前衣片	描绘线段  设定基线方向 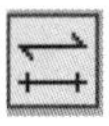 新基线 	➢ 选取"描绘线段"命令，依次单击构成前衣片的线条，选择完成之后弹出"完成纸样图形"提示； ➢ 选取"设定基线方向"命令，选取门襟止口线，修改衣片的布纹方向； ➢ 选取"新基线"命令，调整布纹线的位置和长度。

（续表）

图　示	步　骤	命　令	操 作 方 法
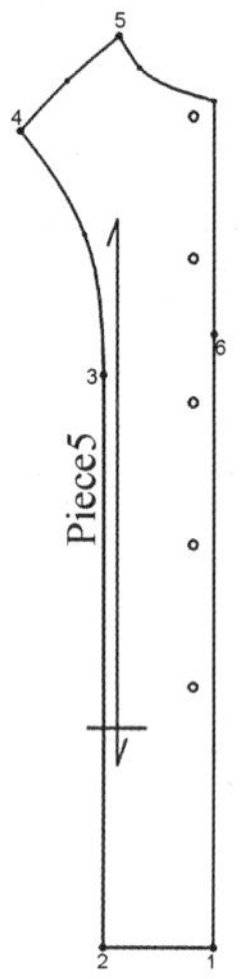 Piece5	挂面	草图 描绘线段	➢ 选取“草图”命令，在前衣片上画出挂面，挂面宽度 11； ➢ 选取“描绘线段”命令，依次单击构成前衣片的线条，选择完成之后弹出“完成纸样图形”提示。
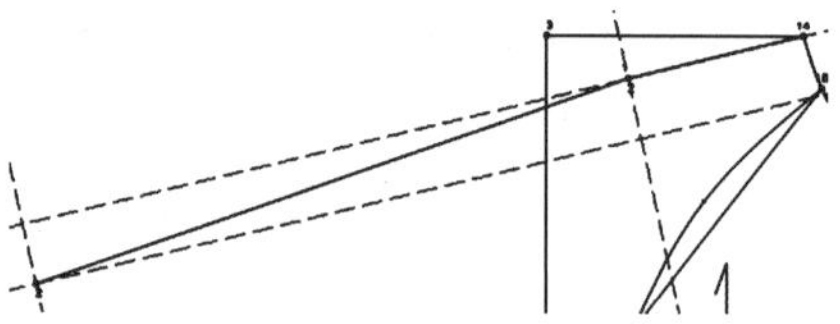	前袖袖斜线	辅助线 草图	➢ 用选取工具，选择肩斜线，选取【纸样】|【辅助线】命令，得到过肩斜线的辅助线；画出距这条线 5 的平行辅助线；画出该线肩点的垂线；以 52.5 画出垂线的平行线； ➢ 选取“草图”命令，画出袖斜线；
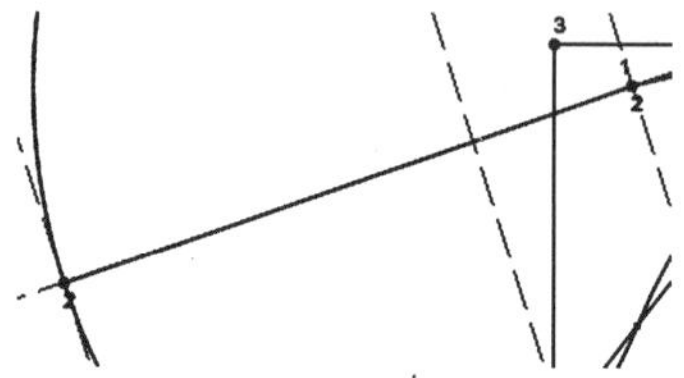	前袖袖山线 前袖袖口线	辅助线	➢ 用选取工具，选择袖中线，选取【纸样】|【辅助线】命令，得到过袖中线的辅助线； ➢ 用辅助线工具，画出过肩点的垂直于袖中线的垂线； ➢ 用辅助线工具，画出袖山底线（距上平线 15），和袖口位置（距上平线 53）。
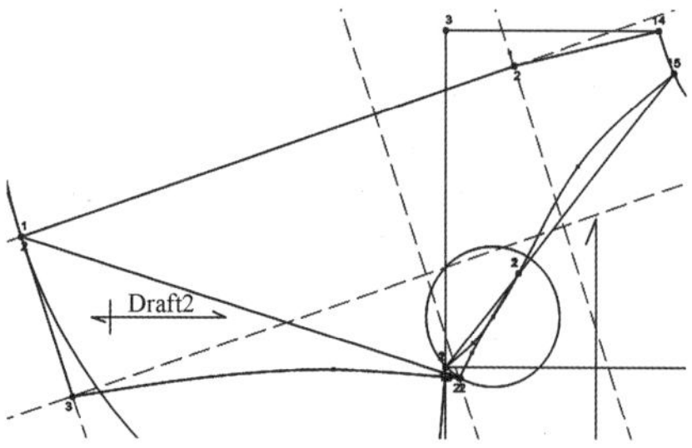 Draft2	前袖袖口 前袖袖底缝	辅助线 圆形 草图 移动点	➢ 按住 Ctrl 键，单击袖中线辅助线，弹出“辅助线性质”对话框，由线距离框输入袖口宽 16.5； ➢ 选取“圆形”命令，以衣身衣袖分割线下端曲率最大点为圆心单击，圆上点选取腋下点； ➢ 选取“草图”工具，画出袖口线和袖底线，以及袖山线； ➢ 选取“移动点”工具，调整袖底线弧度和袖山线弧度。

（续表）

图　示	步　骤	命　令	操作方法
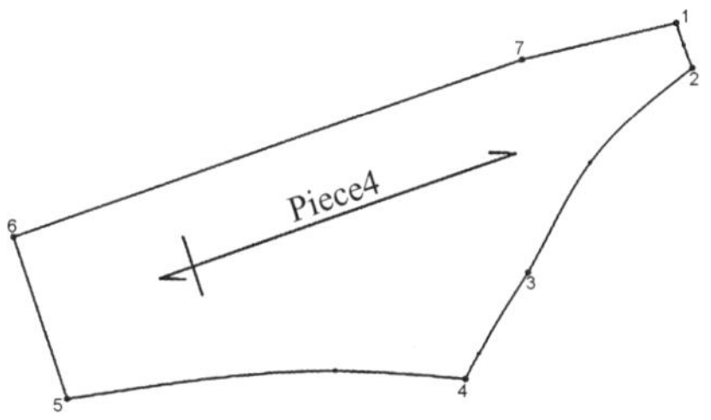 Piece4 1 2 3 4 5 6 7	完成前衣袖	描绘线段 设定基线方向 新基线	➢ 选取“描绘线段”命令，依次单击构成衣袖的线条，选择完成之后弹出“完成纸样图形”提示； ➢ 选取“设定基线方向”命令，选取袖中线，修改衣片的布纹方向； ➢ 选取“新基线”命令，调整布纹线的位置和长度。
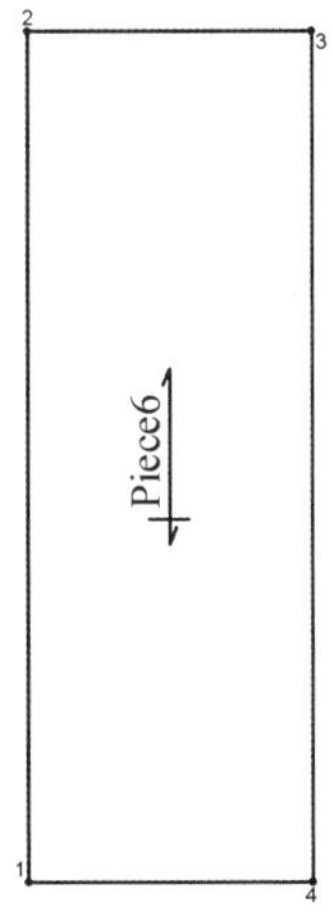 Piece6 1 2 3 4	后衣片大轮廓	建立矩形纸样	➢ 选取【纸样】|【建立纸样】|【建立矩形纸样】，弹出“开长方形”对话框，长度输入31（B/4），宽度输入90（衣长－2）。
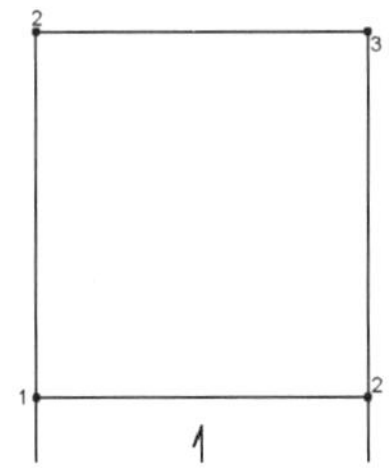 1 2 3 2	胸围线	草图	➢ 选取“草图”命令，在衣片大轮廓左边线条偏上部位点击，弹出“点位置”对话框，在“至线段”选项的累增-最近点输入框输入33，右边线条类似操作。
 2 3	后领窝	线段加点 多个移动 移动点	➢ 选取“线段加点”命令，在上平靠左上角点单击，输入领宽9，选中放码点复选框； ➢ 选取“多点移动”命令，将后中点下移2.5； ➢ 选取“移动点”命令，按住Shift键，拉出领窝形状弧线。
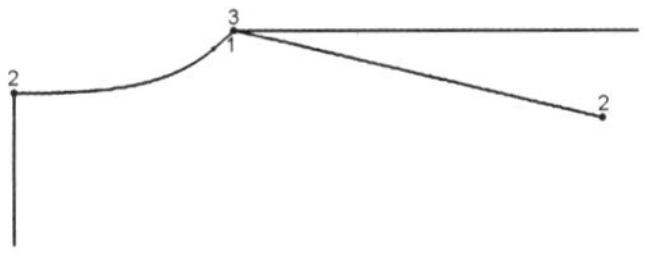 2 3 1 2	肩斜线	草图	➢ 选取“草图”命令，单击颈侧点得到肩斜线的第一点；在该点的右下方点击，弹出“移动点”对话框，在“由点”项目下dx框输入15，dy框输入－3.5，完成草图。

（续表）

图 示	步 骤	命 令	操 作 方 法
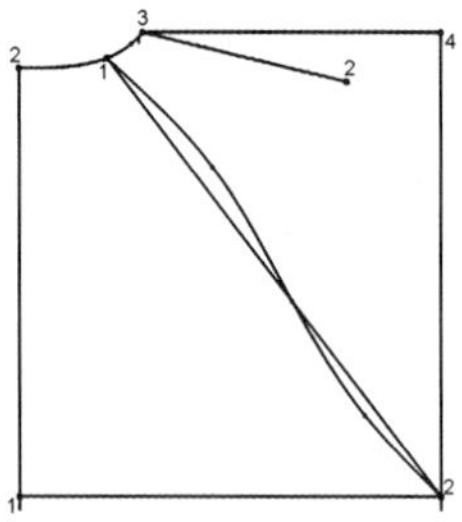	衣身衣袖分割基准线 衣身袖窿线	草图 	➢ 选取"草图"命令，单击靠近颈侧点的领窝线，弹出"移动点"对话框，在"至线段"项目下比例-最近框输入比值 0.333，连接右端胸围点，完成草图； ➢ 选取"草图"命令，配合 Shift 键，画出衣身袖线。
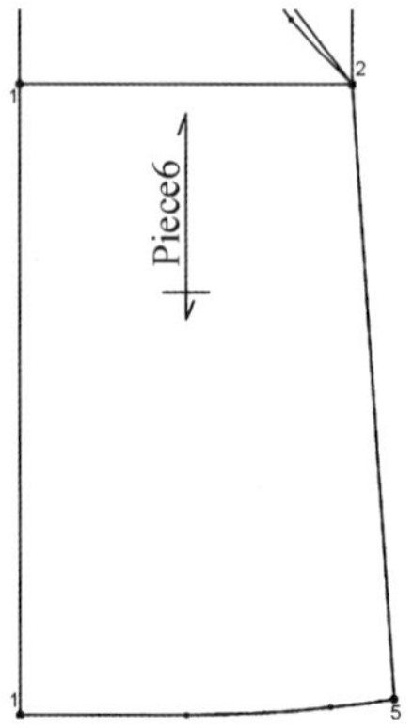	侧缝线 下摆围线	线段加点 多个移动  移动点 	➢ 选取"线段加点"命令，在下摆围线加一个中点； ➢ 选取"多点移动"命令，将下摆围右端点上抬 1.5，外移 4； ➢ 选取"移动点"命令，拉出下摆围弧线。
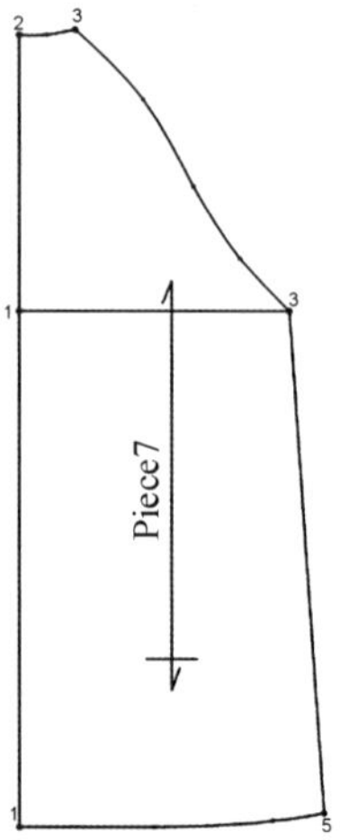	完成后衣片	描绘线段  设定基线方向 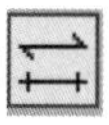 新基线 	➢ 选取"描绘线段"命令，依次单击构成后衣片的线条，选择完成之后弹出"完成纸样图形"提示； ➢ 选取"设定基线方向"命令，选取后中线，修改衣片的布纹方向； ➢ 选取"新基线"命令，调整布纹线的位置和长度。
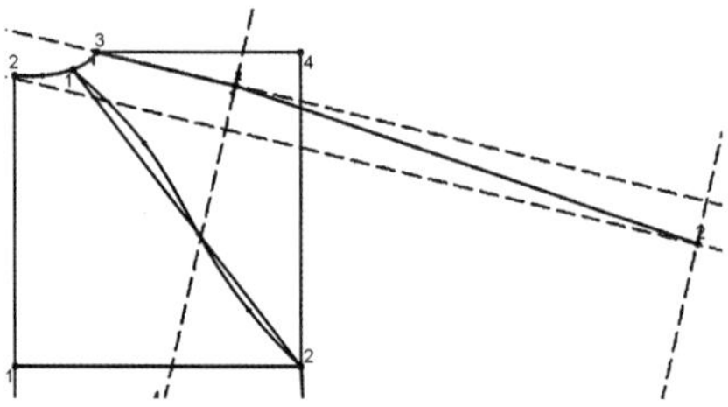	做后袖袖斜线	辅助线 草图 	➢ 用选取工具，选择肩斜线，选取【纸样】|【辅助线】命令，得到过肩斜线的辅助线；画出间隔这条线 4.7 的平行辅助线；画出该线过肩点的垂线；以 53 画出垂线的平行线； ➢ 选取"草图"命令，画出袖斜线。

（续表）

图　示	步　骤	命　令	操作方法
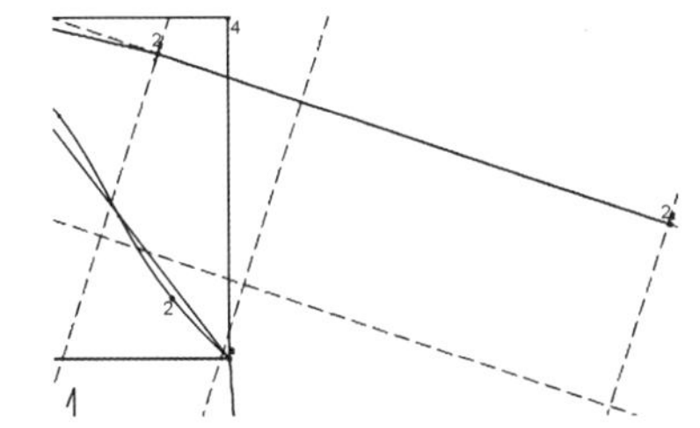	找后袖袖山线 找后袖袖口线	辅助线	➢ 用选取工具，选择袖中线，选取【纸样】|【辅助线】命令，得到过袖中线的辅助线； ➢ 用辅助线工具，画出过肩点的垂直于袖中线的垂线； ➢ 用辅助线工具，画出袖山底线（15）和袖口位置（53）。
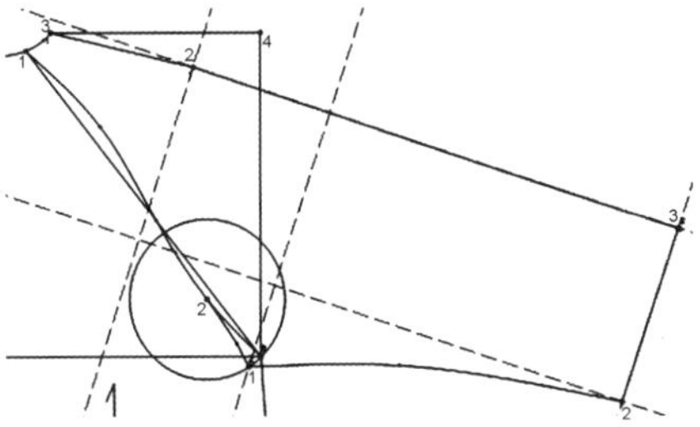	做后袖袖口 做后袖袖底缝	辅助线 圆形 草图 移动点	➢ 按住Ctrl键，单击袖中线辅助线，弹出“辅助线性质”对话框，由线距离框输入16.5（袖口大小）； ➢ 选取“圆形”命令，以衣身衣袖分割线下端曲率最大点为圆心单击，圆上点选取腋下点； ➢ 选取“草图”工具，画出袖口线和袖底线，以及袖山线； ➢ 选取“移动点”工具，调整袖底线弧度和袖山线弧度。
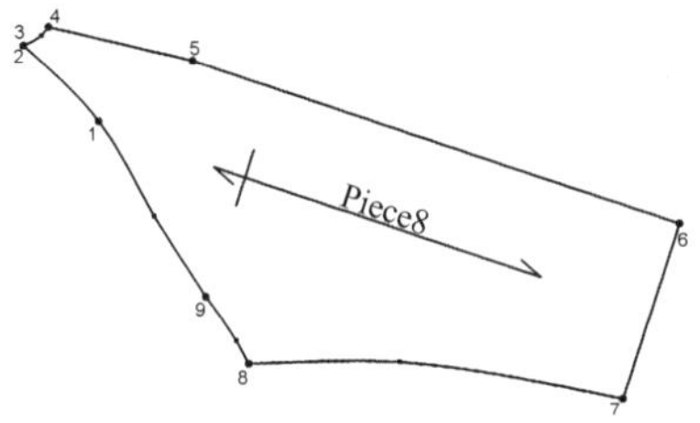 Piece8	完成后衣袖	描绘线段 设定基线方向 新基线	➢ 选取“描绘线段”命令，依次单击构成衣袖的线条，选择完成之后弹出“完成纸样图形”提示； ➢ 选取“设定基线方向”命令，选取袖中线，修改衣片的布纹方向； ➢ 选取“新基线”命令，调整布纹线的位置和长度。
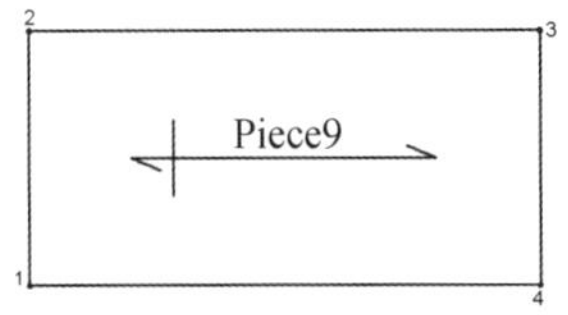 Piece9	翻领大轮廓	建立矩形纸样	➢ 选取【纸样】|【建立纸样】|【建立矩形纸样】，弹出“开长方形”对话框，长度输入14.5，宽度输入30。
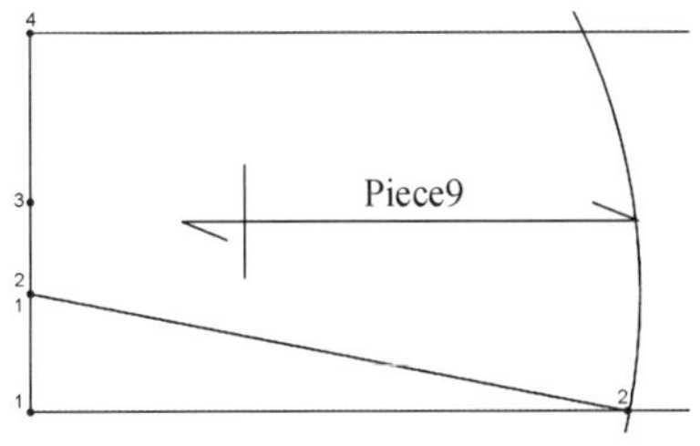 Piece9	领后中 领下口基础线	线段加点 草图 长度	➢ 选取“线段加点”命令，在后中加两个点，第一个点距下端4.5，第二点距离刚加的点3.5； ➢ 选取“长度”命令，量出前后领窝的长度； ➢ 选取“圆形”命令，以4.5点为圆心，以领窝长度为半径画圆； ➢ 选取“草图”命令，画出领下口基础线。

（续表）

图 示	步 骤	命 令	操 作 方 法
	调整领下口线	移动点 长度 圆形	➢ 选取“移动点”工具，调整领口线弧度； ➢ 选取“长度”命令，量取领口线的长度，弹出“测量”对话框，点击“编辑线段长度”按钮，弹出“线段长度”对话框，将长度修改成领口的长度，以后水平方式调整。
Piece9	做领前中线 做领外口线	线段加点 草图 圆形 移动点	➢ 选取“线段加点”命令，在下平线上加两个点，第一个点在领下口点，第二点距离刚加的点 5.5； ➢ 选取“草图”命令，过 5.5 的点画出一条竖直线； ➢ 选取“圆形”命令，以领下口点为圆心，11 为半径画圆，与上面画的竖直线交于一点即为前领大点； ➢ 选取“草图”命令，画出领外口基础线； ➢ 选取“移动点”命令，调整领外口线条。
Piece10	完成衣领	描绘线段 设定基线方向 新基线	➢ 选取“描绘线段”命令，依次单击构成衣领的线条，选择完成之后弹出“完成纸样图形”提示； ➢ 选取“设定基线方向”命令，选取袖中线，修改衣片的布纹方向； ➢ 选取“新基线”命令，调整布纹线的位置和长度。
	设置缝份	设定基本缝份 缝份	➢ 框选要添加缝份的样板，选取【工具】|【缝份】|【设定基本缝份】命令，弹出“设定基本缝份线”对话框，缝份值输入 1； ➢ 选取“缝份”命令，将袖口和底边缝份修改为 4，将袖窿弧线、袖山弧线修改为 1.2。
	修改样板名称		➢ 在纸样属性栏里依次点击样板，修改样板名称。

（续表）

图 示	步 骤	命 令	操 作 方 法
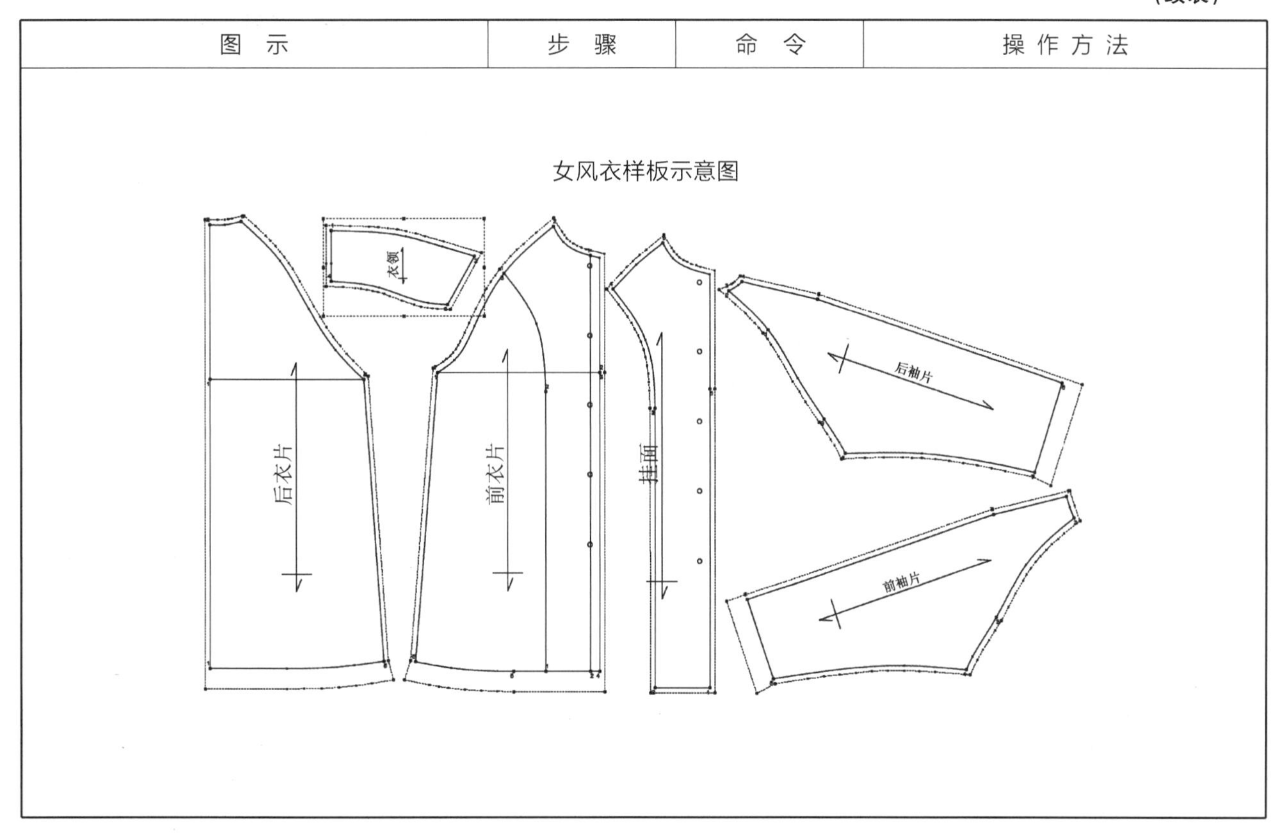			

二、女风衣放码

女风衣号型规格、放码步骤分别见表 7-1 和表 7-3 所列。

表 7-3 女风衣放码步骤

图 示	步 骤	命 令	操 作 方 法
	打开放码表	Ctrl＋F4	➢ 按快捷键 Ctrl＋F4，打开“放码表”对话框。
	设置样板的尺码	尺码	➢ 选取【放码】|【尺码表】命令，弹出“尺码”对话框，将当前码改为 160/84A 码，通过“插入”添加 155/80A 码、“附加”添加 170/88A 码，完成尺码设置； ➢ 设置 160/84A 码为基本码。

（续表）

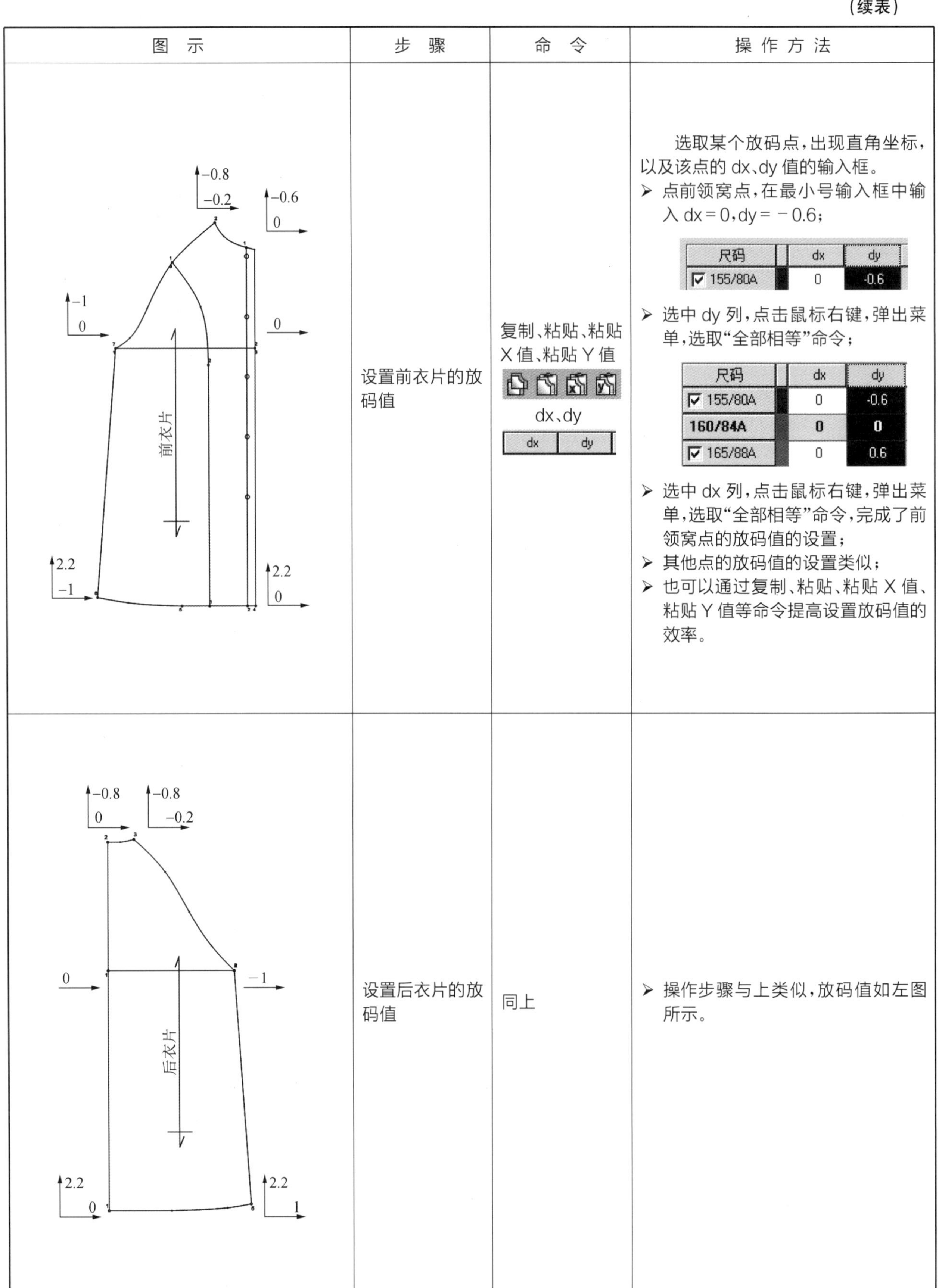

图　示	步　骤	命　令	操 作 方 法
前衣片	设置前衣片的放码值	复制、粘贴、粘贴X值、粘贴Y值 dx、dy	选取某个放码点，出现直角坐标，以及该点的 dx、dy 值的输入框。 ➢ 点前领窝点，在最小号输入框中输入 dx＝0，dy＝－0.6； 尺码 | dx | dy 155/80A | 0 | -0.6 ➢ 选中 dy 列，点击鼠标右键，弹出菜单，选取“全部相等”命令； 尺码 | dx | dy 155/80A | 0 | -0.6 160/84A | 0 | 0 165/88A | 0 | 0.6 ➢ 选中 dx 列，点击鼠标右键，弹出菜单，选取“全部相等”命令，完成了前领窝点的放码值的设置； ➢ 其他点的放码值的设置类似； ➢ 也可以通过复制、粘贴、粘贴 X 值、粘贴 Y 值等命令提高设置放码值的效率。
后衣片	设置后衣片的放码值	同上	➢ 操作步骤与上类似，放码值如左图所示。

（续表）

图　示	步　骤	命　令	操 作 方 法
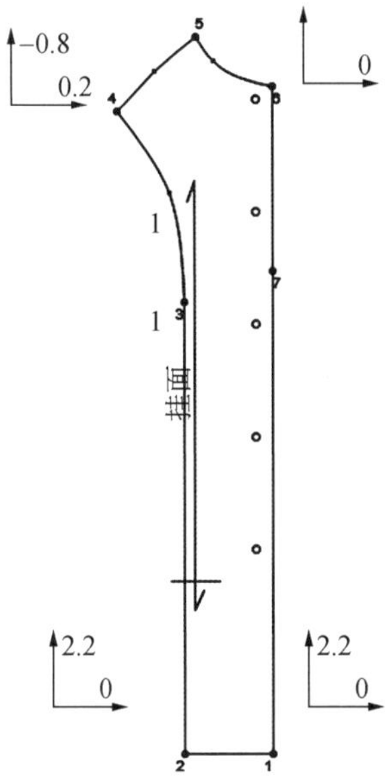	设置挂面的放码值	同上	➢ 操作步骤与上类似,放码值如左图所示。
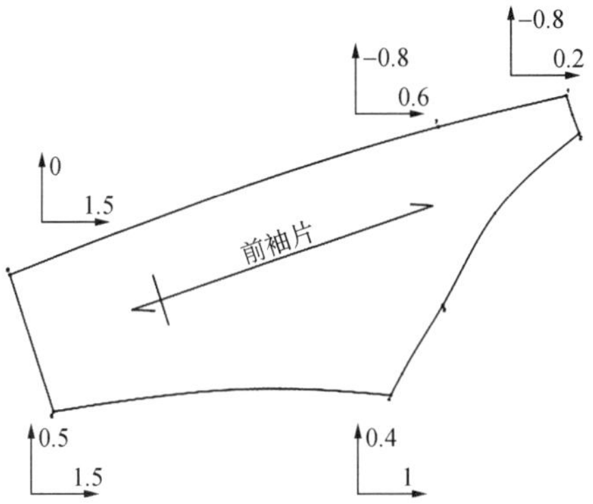	设置前衣袖的放码值	同上	➢ 操作步骤与上类似,放码值如左图所示。
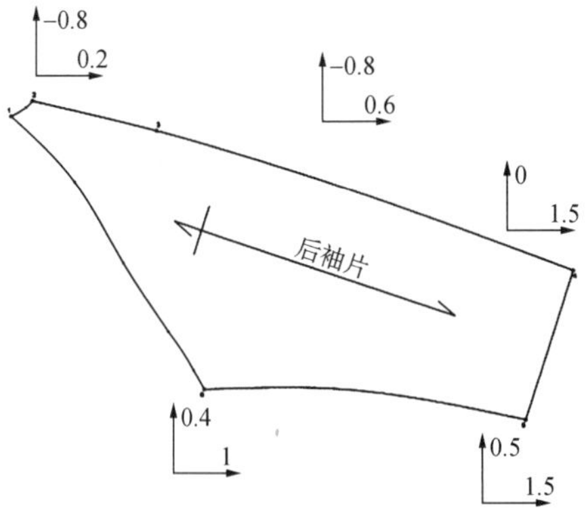	设置后衣袖的放码值	同上	➢ 操作步骤与上类似,放码值如左图所示。
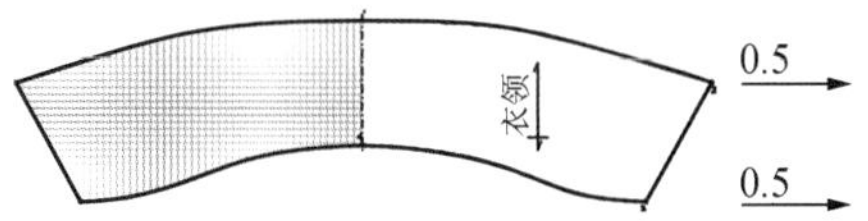	设置衣领的放码值	同上	➢ 操作步骤与上类似,放码值如左图所示。

（续表）

图　示	步　骤	命　令	操 作 方 法
女风衣放码示意图 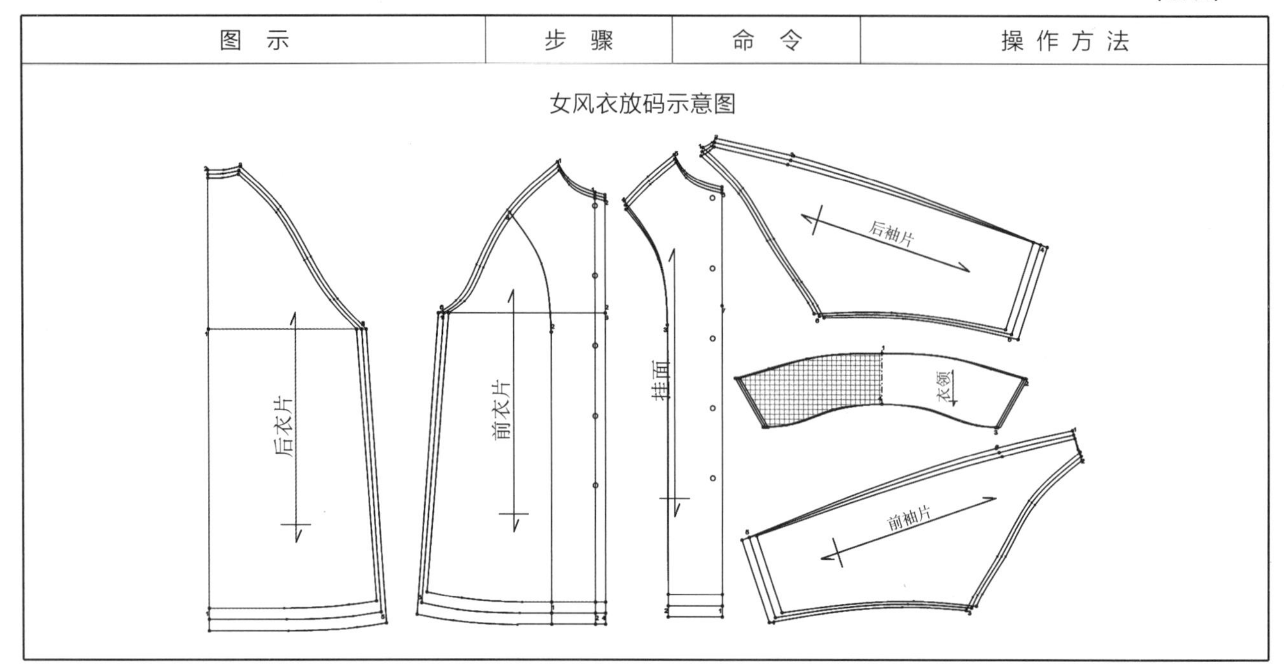			

三、女风衣排料

打开 PGM 排料系统，调入女风衣样板进行排料操作。

其操作步骤如下：

① 若已经打开 PGM 排料系统，则通过单击新文件按钮 或者选取【编辑】|【清幕及开新排料图】命令，弹出“排料图定义”对话框，宽度输入框中输入 150 cm，长度输入框中输入 1000 cm。

②若未打开 PGM 排料系统，则需先双击桌面 Mark 快捷方式图标或者选取【开始】|【所有程序】|【PGM】|【Mark】命令，进入 PGM 排料系统，然后再进行其他操作。

排料操作步骤如下：

① 单击开启款式图标 ，或选取【编辑】|【开启款式文件】命令，弹出“选择款式文件”对话框，图形选择项选择“两者（车缝及裁剪）”，点击 按钮，选择欲排的样板文件，弹出“排料图制单”对话框，在“尺码资料”选项中设定设计名称以及设定每版中的号码及件数。

② “排料图制单”对话框的“纸样资料”中设定各片样板的纸样名称、数量、相对以及旋转等要求。

③ 按照排料规则排料。先点击纸样排栏里某个衣片的某个尺码，然后将纸样排栏里的衣片拖放到排料区；也可以将纸样排栏里的所有衣片选中之后点击全部放入按钮，将所有待排衣片放入排料区，然后将衣片排好（图 7-1）。

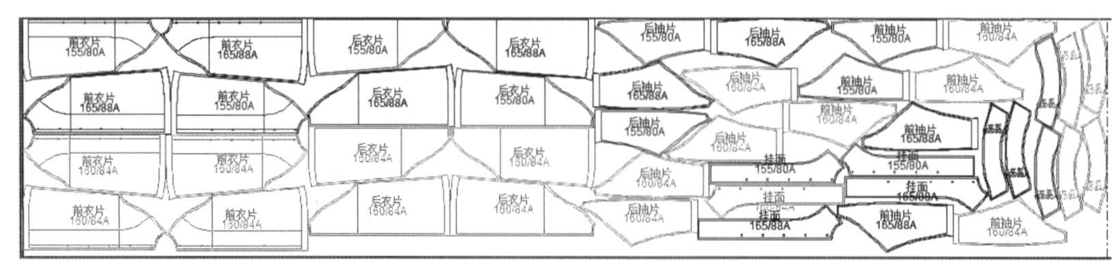

图 7-1

项目 8　男西服 CAD 打板、放码、排料

8.1　项目描述

男西服是男装中典型的款式之一，该款男西服为平驳领，前门襟单排两粒扣，下摆围圆角。前身两个腰省，其中一个通底省。三个挖袋，大袋带盖。袖口有开衩，四粒装饰扣。男性穿的西服套装多数用于商务场合，也适合日常穿着。该款式的制图过程包含了圆袖的打板与推档等方面的技术问题。本项目选择男西服作为实训内容，学生通过对 PGM 服装 CAD 软件的打板模块的强化学习，达到熟练掌握利用该软件完成各类服装结构绘制的技能。通过对 PGM 服装 CAD 软件的排料系统的进一步学习，熟练掌握利用该软件完成男西服排料的操作技能。

8.2　项目目标

1. 知识目标

了解男西服的制板方法，掌握打板系统各个工具的使用方法；掌握排料系统各个工具的使用方法。

2. 技能目标

使用服装 CAD 软件制板模块根据给定的规格尺寸，制作男西服的结构制图，提取样板，制作一套完整的中间号型男西服生产样板；使用服装 CAD 推码模块根据号型系列规格对中间号型样板进行推码，主要是计算各关键点的横纵标数值和方向，准确推出其他号型相应的关键点。能熟练使用排料系统进行男西服的排料。

3. 素质目标

利用 PGM 服装 CAD 系统对男西服装纸样进行打板、放码、排料操作的能力，为全面掌握软件的操作方法和操作技巧打下基础。

8.3　项目操作

一、男西服结构设计

男西服号型规格、结构设计步骤分别见表 8-1 和表 8-2 所列。

表 8-1　男西服号型规格　　单位：cm

号型	165/84A	170/88A	175/92A	档差
衣长(L)	73	75	77	2
胸围(B)	102	106	110	4

（续表）

号型	165/84A	170/88A	175/92A	档差
肩宽（SW）	44.8	46	47.2	1.2
袖长（SL）	58.5	60	61.5	1.5
袖口宽（CW）	14	14.5	15	0.5
腰节	41.25	42.5	43.75	1.25

表 8-2　男西服结构设计步骤

图　示	步　骤	命　令	操 作 方 法
	设定单位	其余设定	选取【工具】|【其余设定】，弹出“其余设定”对话框，单击【主要部份】，选择【工作单位】子项目，单位选“cm”，公差选“0.01”。
	绘制衣片大轮廓	新建 建立矩形纸样	➢ 单击新建文件按钮，清屏； ➢ 选取【纸样】|【建立纸样】|【建立矩形纸样】，弹出“开长方形”对话框，长度输入 76，宽度输入 75(L)。
	颈侧点 肩斜线 胸围线 袖窿弧线	线段加点 辅助线 移动点 多个移动	➢ 选取“线段加点”工具，在上平线偏右位置上单击，弹出“点特性”对话框，在累增-下一步输入框输入领宽 9.8(B/20＋4.3)； ➢ 用辅助线画出肩宽线，距离前中线－23.3(S/2＋0.5)； ➢ 用辅助线画出落肩线，距离上平线－4.3(B/20—1.2)； ➢ 选取“移动点”工具，从上平线拉一个点到落肩点位置； ➢ 选取“多个移动”工具，将右上角端点移动到前领口深点位置(10)。
	前中线 胸宽线 胸围线 前片胸围点 小刀片胸围点	辅助线	➢ 用辅助线画出前中线，距离原前中线 1.8； ➢ 用辅助线画出胸宽线，距离前中线－20.2(1.5B/10＋3.7)； ➢ 用辅助线画出胸围线，距离落肩点袖窿深－22(B/10＋11)； ➢ 用辅助线找出前片胸围点，距离胸宽线 4； ➢ 用辅助线找出小刀片胸围点，距离胸宽线－36.7(3.5B/10－4.3＋2.5)。

（续表）

图　示	步　骤	命　令	操 作 方 法
	袖笼线	加入个别钮位 草图 移动点	➢ 选取“加入个别钮位”命令，将胸宽袖笼深段三等分； ➢ 选取“草图”命令，依次落肩点、胸宽袖笼深段三等分点、前片胸围点、刀片右胸围点（距离前片胸围点2.5）、刀片左上端点（由刀片左胸围点往上5.5，往左0.6）。 ➢ 选择“移动点”工具，调整袖窿曲线。
	手巾袋	草图	➢ 选取“草图”命令，画出手巾袋，手巾袋大小为2.3×10.5，胸围线与胸宽线交点往右3、往上1.5为手巾袋左下角端点。
	腰围线 大袋位 胸省位置	线段加点	➢ 用辅助线找出腰围线，距离上平线前腰节号/4＋0.5(43)； ➢ 用辅助线找出大袋位线，距离腰节线7； ➢ 选取“线段加点”工具，在手巾袋下端缝合线处加一中点； ➢ 选择“草图”工具，找出胸省中心线，由手巾袋中点竖直向下与大袋位线相交。
	前片侧缝线、开袋线及胸省线	草图	➢ 选取“草图”命令，画出前片侧缝线、开袋线及胸省线。其中侧缝腰节处收2、侧缝口袋处由口袋线与4 cm线交点往上1.2往右1.5、省道口袋处和腰节处（服装腰节线往下1.3）宽1.2、省尖位于腰节往上11处、下侧缝口袋处由口袋线与4 cm线交点往右2.7、下摆围点位于下平线与4 cm线交点往上0.5往右2处。
	领口线	辅助线 加入个别钮位 移动点 线段加点	➢ 拉出过颈侧点的竖直辅助线，拉出过领窝点的横向辅助线； ➢ 选取“加入个别钮位”命令，找到颈侧点竖直线领深的中点； ➢ 选取“移动点”工具，拉一点到上述中点； ➢ 选取“线段加点”命令，在串口线上加一个距中点0.5的点，再删除原来的中点。

（续表）

图　示	步　骤	命　令	操 作 方 法
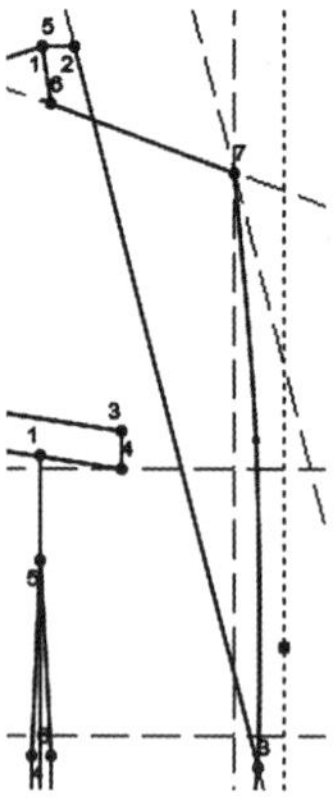	驳头	草图 辅助线 移动点	➢ 选取“草图”命令，由颈侧点往右 2 与腰节线前中线交点往右往下 2 画线得到驳折线； ➢ 选取“辅助线”命令，画出过串口线的辅助线； ➢ 选取“辅助线”命令，画出过波折线的辅助线，同时距驳头宽8的平行线，与串口线交点即为驳头点； ➢ 选取“移动点”命令，从样板上将点拉到上述特征点处，并拉出驳头弧线。
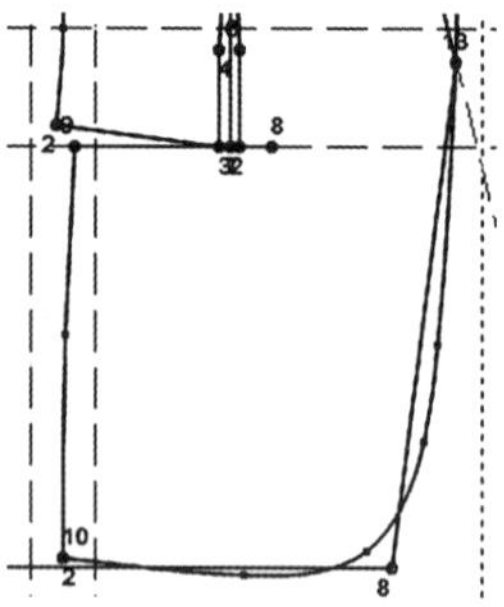	处理下摆围 处理门襟止口线	草图 动点	➢ 选取“草图”命令，画出门襟止口线和下摆围； ➢ 选取“移动点”命令，处理下摆围和门襟止口线。
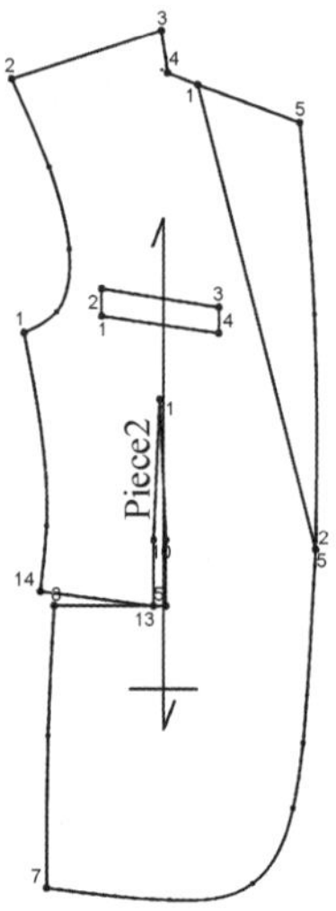	完成前衣片	描绘线段	➢ 选取“描绘线段”命令，依次点选构成前片的线条。

（续表）

图示	步骤	命令	操作方法
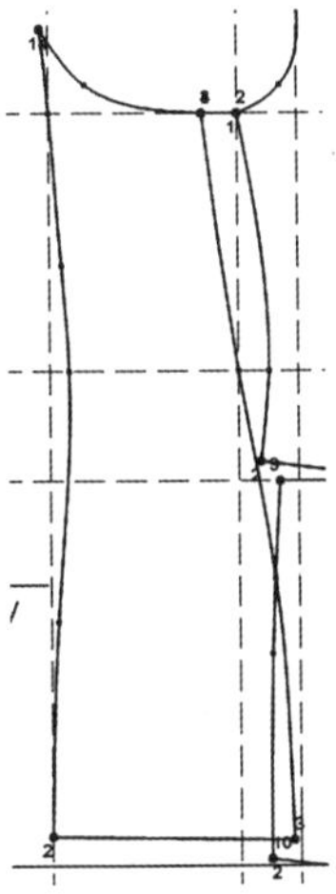	刀片侧缝线 刀片下摆围线	草图  移动点 	➢ 选取“草图”命令，依次画出刀片侧缝线、下摆围线、与后片的分割线，其中刀片右腰点位于 4 cm 线腰线交点处、下摆围右端点由 4 cm 线与下平线交点往上 1.7 往右 3.5 处、左端点位于下平线与胸围点线交点往上 2 处，左腰点位于腰节线往右 3 处； ➢ 选取“移动点”工具，调整虚线弧度。
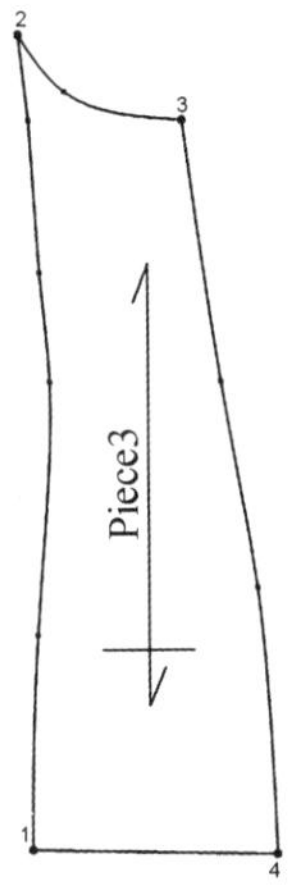	完成小刀片	描绘线段 	➢ 选取“描绘线段”命令，依次点选构成小刀片的线条。
	后领窝线	线段加点 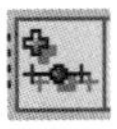 多个移动  移动点 	➢ 选取“线段加点”工具，在上平线偏左位置上单击，弹出“点特性”对话框，在累增-上一步输入框输入领宽 8.8（B/20＋3.3）； ➢ 选取“多个移动”工具，框选新增加的点，然后单击该点向上移动，弹出“所选矩形移动点及对象”对话框，X 框输入 0，Y 框输入定寸 2.3； ➢ 选取“移动点”工具，按住 Shift 键，拉出领窝曲线。

（续表）

图 示	步 骤	命 令	操 作 方 法
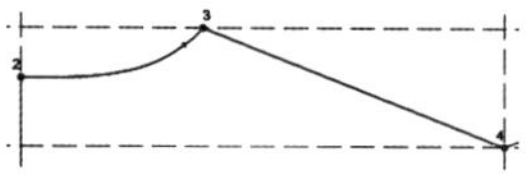	肩斜线	辅助线 移动点	➢ 拉出过后领窝点的竖直辅助线，按住 Ctrl 键单击该线，弹出“辅助线性质”对话框，由线距离框输入 23.3（S/2+0.5），得到肩宽所在位置； ➢ 拉出过颈侧点的水平辅助线，按住 Ctrl 键单击该线，弹出“辅助线性质”对话框，由线距离框输入 −5.5（B/20），得到落肩所在位置，与上一条线的交点即为肩点位置； ➢ 选取“移动点”工具，从上斜线拉一点到肩点上，即得到肩斜线。
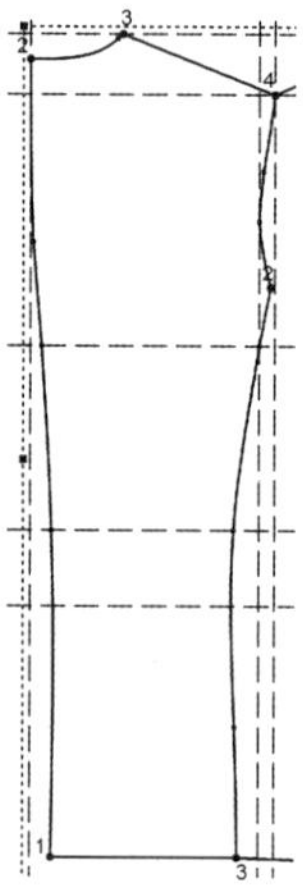	胸围 腰围 下摆围	辅助线 移动点 加入个别钮位 草图	➢ 拉出过侧缝线的竖直辅助线； ➢ 选取“移动点”工具，分别将胸围大点内收 1，腰围点内收 2，侧摆点内收 2、上抬 2； ➢ 按住 Ctrl 键，单击后中辅助线，输入 21.8（1.5B/10+4.3+1），得到后胸围大线； ➢ 选取“加入个别钮位”命令，找到后胸围大线落肩点至胸围线的中点； ➢ 选取“草图”工具，画出侧缝线，其中与刀片分割处有胸围线上抬 5.5、外放 1，腰围收 2.5，下摆围点收 2、上抬 2； ➢ 选取“移动点”工具，将侧缝线和底摆线条处理成圆顺曲线。
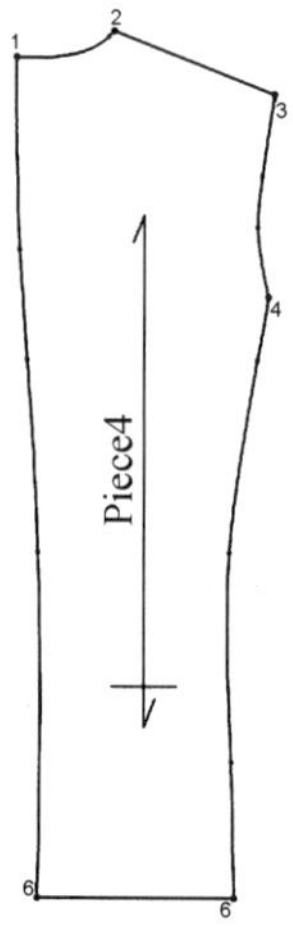 Piece4	完成后片	描绘线段	➢ 选取“描绘线段”命令，依次点选构成小刀片的线条。

（续表）

图　示	步　骤	命　令	操作方法
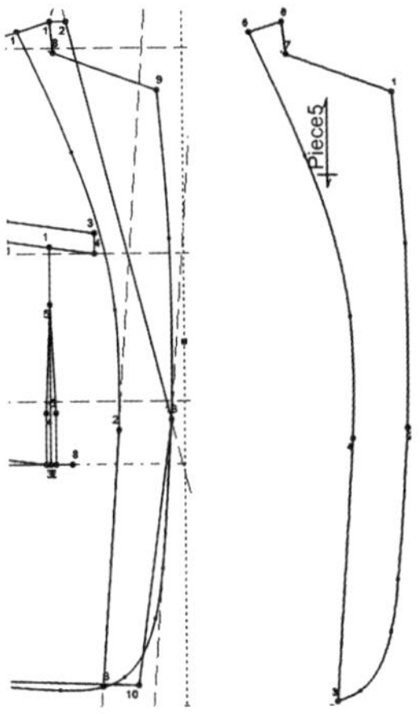	挂面	草图  移动点  描绘线段 	➢ 选取“草图”工具，画出挂面基本形态，其中肩部大小4，门襟处大小6； ➢ 选取“移动点”工具，调整挂面形态； ➢ 选取“描绘线段”命令，沿顺时针方向依次选取构成挂面的线段，得到挂面片的样板。
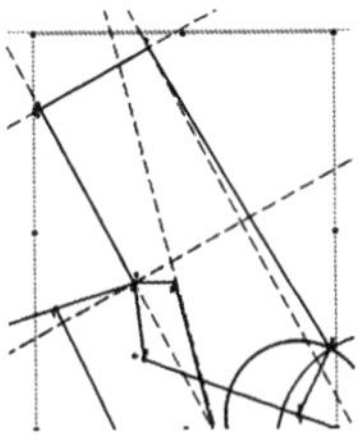 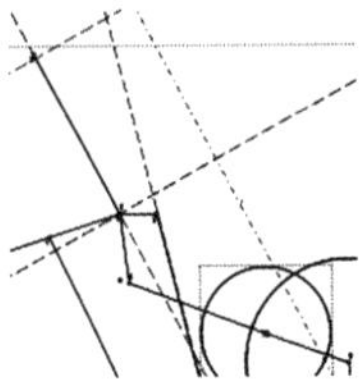 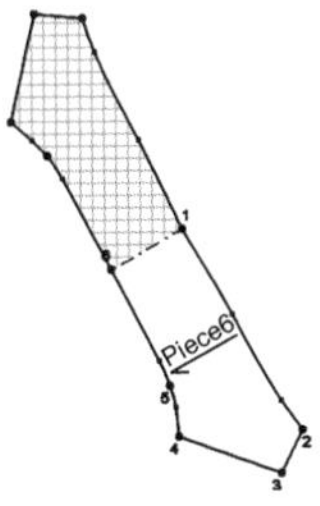	衣领	长度  辅助线 草图  移动点  描绘线段  设定半片 	➢ 选取驳折线，画出该改线的辅助线； ➢ 过颈侧点，画出波折线的平行线； ➢ 选取“长度”命令，量出后领窝弧线长度； ➢ 选取“草图”命令，单击颈侧点，沿装领线辅助线单击，弹出“移动点”对话框，切换到由线段选项，角度框不变，距离框输入后领窝弧线长度；沿左下方成90°方向点击，弹出“移动点”对话框，切换至“角度图形”选项，角度框输入－90，斜向框输入垂卧量3.5；点击颈侧点，完成读图，得到领下口位置； ➢ 选取“草图”命令，单击颈侧点，沿领下口线单击，弹出“移动点”对话框，切换到由线段选项，角度框不变，距离框输入后领窝弧线长度；沿右上方成90°方向点击，弹出“移动点”对话框，切换至“角度图形”选项，角度框输入90，斜向框输入领宽5.5；根据衣领形态完成衣领基础形态； ➢ 选取“移动点”命令，调整领外口线形态； ➢ 选取“描绘线段”命令，沿顺指针方向依次选取构成衣领的线段，得到衣领的基础形状，并作适当调整； ➢ 选取“设定半片”命令，选中后中线为对称线，得到完整的衣领。

（续表）

图　示	步　骤	命　令	操 作 方 法
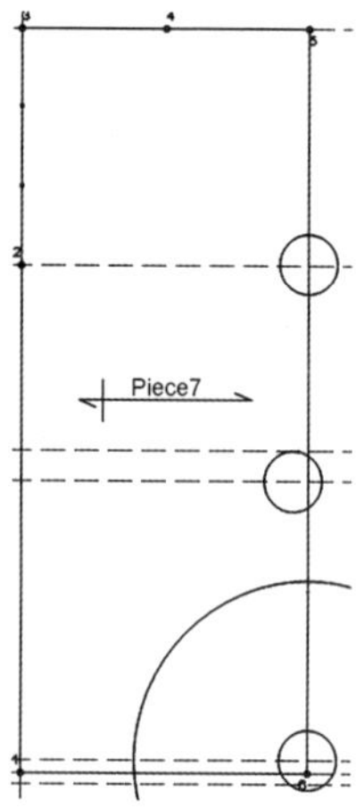	衣袖基础线	建立矩形纸样 辅助线 线段加点 加入个别钮位 圆形 移动点	➢ 选取【纸样】|【建立纸样】|【建立矩形纸样】，弹出“开长方形”对话框，长度输入袖肥 23.9（1.5B/10＋5.5＋2.5），宽度输入 60（SL）； ➢ 选取“线段加点”工具，画出上平线的中点； ➢ 拉出过上平线的水平线辅助线，按住 Ctrl 键，画出袖山底线－19.1（B/10＋8.5）；袖肘线 SL/2＋4（－34）； ➢ 选取“加入个别钮位”工具，袖山高的三等分点； ➢ 选取“圆形”工具，画出袖底缝和袖偏的位置，其中袖底缝上中下圆的圆心分别在交点处上抬 0.3、交点处往左 1.3 下降 2.5、交点处往上 1，半径 2.5；袖偏圆的圆心在交点处，半径 2，袖口大圆半径 14.5（CW）。
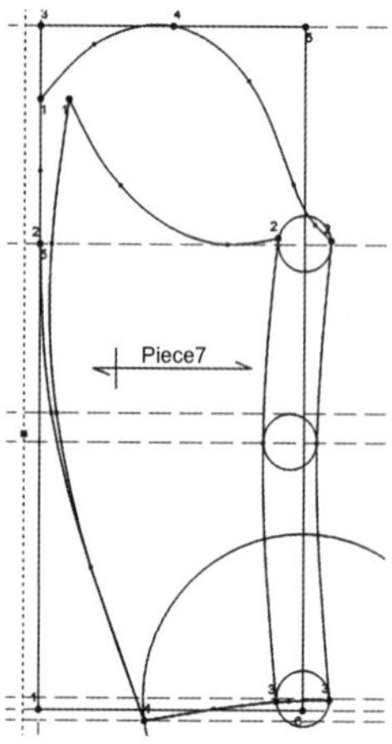	袖底缝 袖偏缝 袖山	草图 辅助线 延伸图形 移动点	➢ 选取“草图”工具，连接构成大袖的特征点； ➢ 选取“移动点”工具，调整大袖形态； ➢ 拉出过大袖袖底缝和袖偏缝与袖山弧线交点的水平线； ➢ 选取“草图”工具，画出小袖袖山弧线； ➢ 选取“移动点”工具，调整大袖袖偏线和小袖袖山弧线等线条。
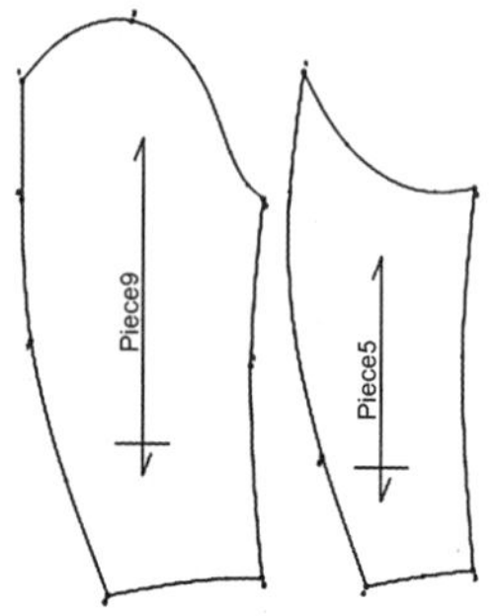	完成大袖和小袖	描绘线段 移动纸样 Space	➢ 选取“描绘线段”命令，沿顺时针方向依次选取构成衣袖的线段，得到衣袖； ➢ 将鼠标移动到衣片上面，按住 Space 键，将衣片移动到空白区域。

（续表）

图　示	步　骤	命　令	操 作 方 法
	缝份	设定基本缝份 缝份 	➢ 选取【工具】|【缝份】|【设定基本缝份】，弹出“设定基本缝份”对话框，勾选“在工作区内纸样”，缝份宽度框输入 1； ➢ 选取“缝份”工具，顺时针单击前片下摆围，弹出“缝份特性”对话框，缝份宽度框输入 4，设置开始缝份、终结缝份的反转方式，单击【采用】，观察缝份效果是否符合要求，若不符合则调整； ➢ 依次完成其他衣片特殊部位的缝份设置。
	样板资料	名称	➢ 纸样属性箱里的“名称”选项。
男西服样板示意图 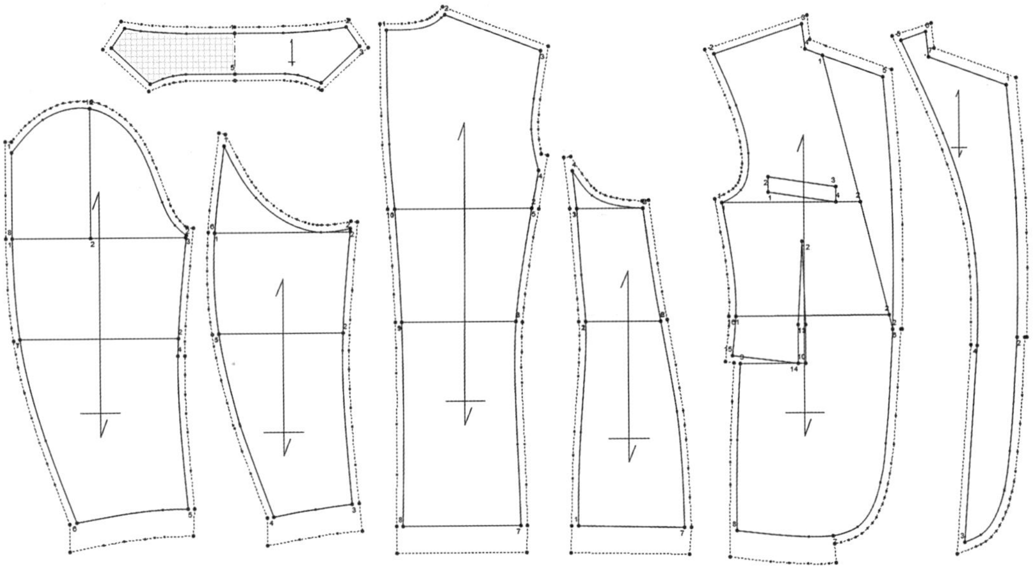			

二、男西服放码

男西服号型规格及放码见表 8-1、表 8-3 所列。

表 8-3　男西服放码步骤

图　示	步　骤	命　令	操 作 方 法
	打开放码表	Ctrl + F4	➢ 按快捷键 Ctrl + F6，打开“放码表”对话框。

（续表）

图　示	步　骤	命　令	操 作 方 法
	设置样板的尺码	尺码	➢ 选取【放码】|【尺码】命令，弹出“尺码”对话框，将当前码改为 170/88A 码，通过“插入”命令添加 165/84A 码、“附加”命令添加 175/92A 码，完成尺码设置； ➢ 确定 170/88A 码为基本码。
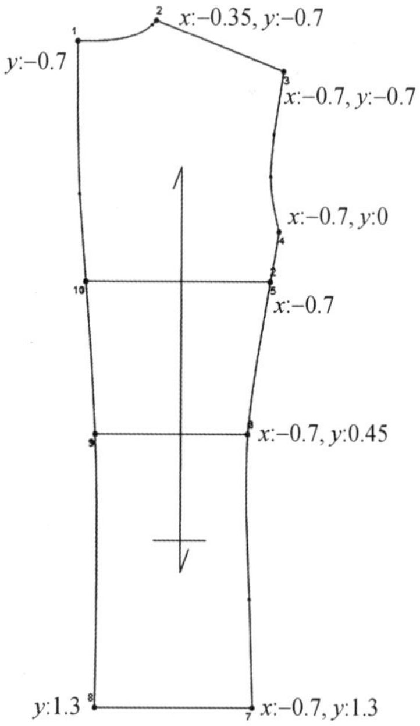 *x*:−0.35, *y*:−0.7 *y*:−0.7 *x*:−0.7, *y*:−0.7 *x*:−0.7, *y*:0 *x*:−0.7 *x*:−0.7, *y*:0.45 *y*:1.3 *x*:−0.7, *y*:1.3	设置后片的放码值	复制、粘贴、粘贴 x 值、粘贴 y 值  dx、dy dx | dy 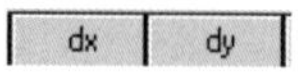	➢ 选取某个放码点，出现直角坐标，以及该点的 dx、dy 值的输入框。 尺码 | dx | dy ☑ 165/84A | -0.35 | -0.7 ➢ 点取＃2 点，在最小号输入框中输入 dx＝－0.35，dy＝－0.7； ➢ 选中 dy 列，点击鼠标右键，弹出菜单，选取“全部相等”命令， 尺码 | dx | dy | dd | <=> ☑ 165/84A | -0.35 | -0.7 | 0.78 | ☑ 170/88A | 0 | 0 | 0 | ☑ ☑ 175/92A | 0.35 | 0.7 | 0.78 | ☑ 完成了＃2 点的放码值的设置； ➢ 其他点的放码值的设置类似。 ➢ 也可以通过复制、粘贴、粘贴 x 值、粘贴 y 值等命令提高设置放码值的效率。
x:0.8 *x*:0.8 *x*:0.5, *y*:0 *x*:0.8, *y*:0.45 *x*:0.5, *y*:0.45 *x*:0.8, *y*:1.3 *x*:0.5, *y*:1.3	设置刀片的放码值	同上	➢ 操作步骤与上类似，放码值如左图。

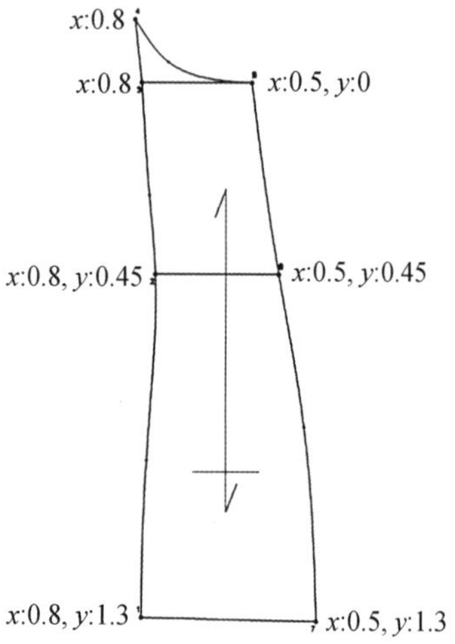

（续表）

图 示	步 骤	命 令	操 作 方 法
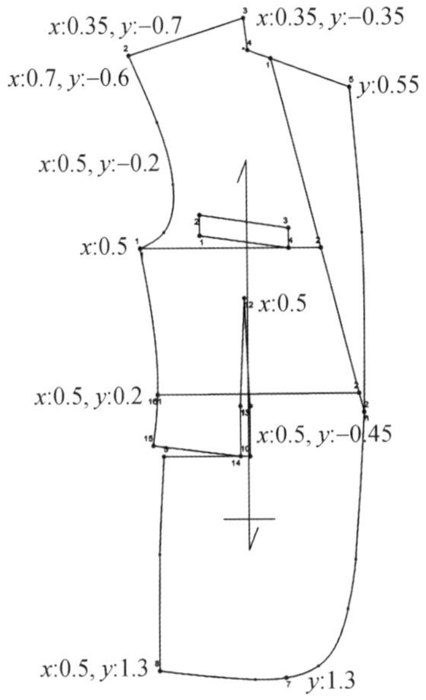 x:0.35, y:−0.7　x:0.35, y:−0.35　x:0.7, y:−0.6　y:0.55　x:0.5, y:−0.2　x:0.5　x:0.5　x:0.5, y:0.2　x:0.5, y:−0.45　x:0.5, y:1.3　y:1.3	设置前片的放码值	同上	➢ 操作步骤与上类似，放码值如左图。
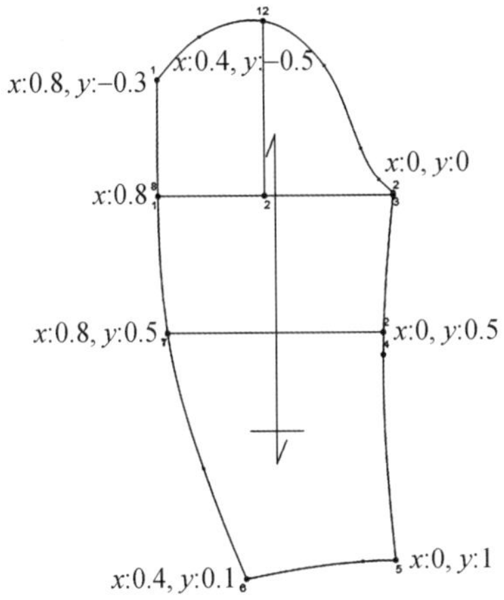 x:0.4, y:−0.5　x:0.8, y:−0.3　x:0, y:0　x:0.8　x:0.8, y:0.5　x:0, y:0.5　x:0, y:1　x:0.4, y:0.1	设置大袖的放码值	同上	➢ 操作步骤与上类似，放码值如左图。
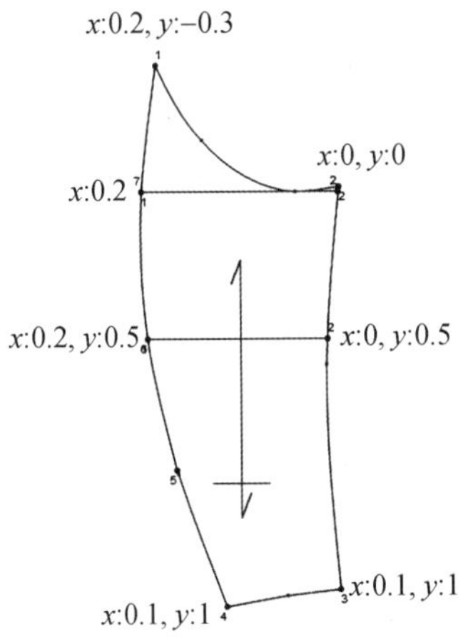 x:0.2, y:−0.3　x:0, y:0　x:0.2　x:0.2, y:0.5　x:0, y:0.5　x:0.1, y:1　x:0.1, y:1	设置小袖的放码值	同上	➢ 操作步骤与上类似，放码值如左图。

（续表）

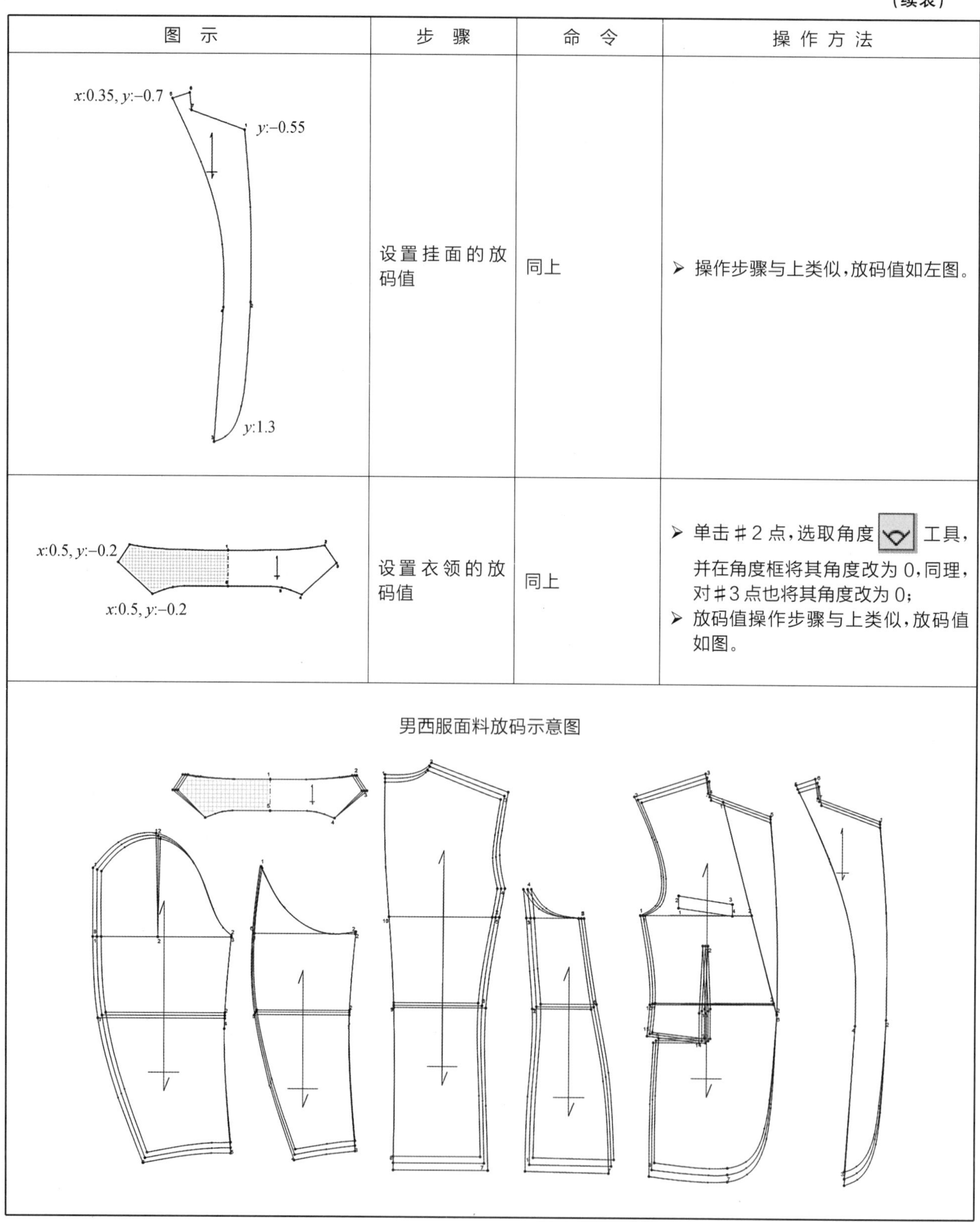

图　示	步　骤	命　令	操 作 方 法
	设置挂面的放码值	同上	➢ 操作步骤与上类似，放码值如左图。
	设置衣领的放码值	同上	➢ 单击＃2 点，选取角度 工具，并在角度框将其角度改为 0，同理，对＃3 点也将其角度改为 0； ➢ 放码值操作步骤与上类似，放码值如图。

男西服面料放码示意图

三、男西服排料

打开 OptiTex Mark 排料系统，调入男西服样板进行排料操作。

其操作步骤如下：

① 单击新文件按钮或者选取【编辑】|【清幕及开新排料图】命令，弹出“排料图定义”对话框，宽度输入框中输入 150 cm，长度输入框中输入 1000 cm。

② 单击开启款式图标，或选取【编辑】|【开启款式文件】命令，弹出“选择款式文件”对话框，图形选择项一般选择“两者（车缝及裁剪）”项，点击按钮，选择欲排的样板文件，弹出“排料图制单”对话框，在“尺码资料”选项中设定设计名称以及设定每版中的号码及件数。

③ “排料图制单”对话框的“纸样资料”中设定各片样板的纸样名称、数量、相对以及旋转等要求。

④ 按照排料规则排料。先点击纸样排栏里某个衣片的某个尺码，然后将纸样排栏里的衣片拖放到排料区；也可以将纸样排栏里的所有衣片选中之后点击全部放入按钮，将所有待排衣片放入排料区，然后将衣片排好（图 8-1）。

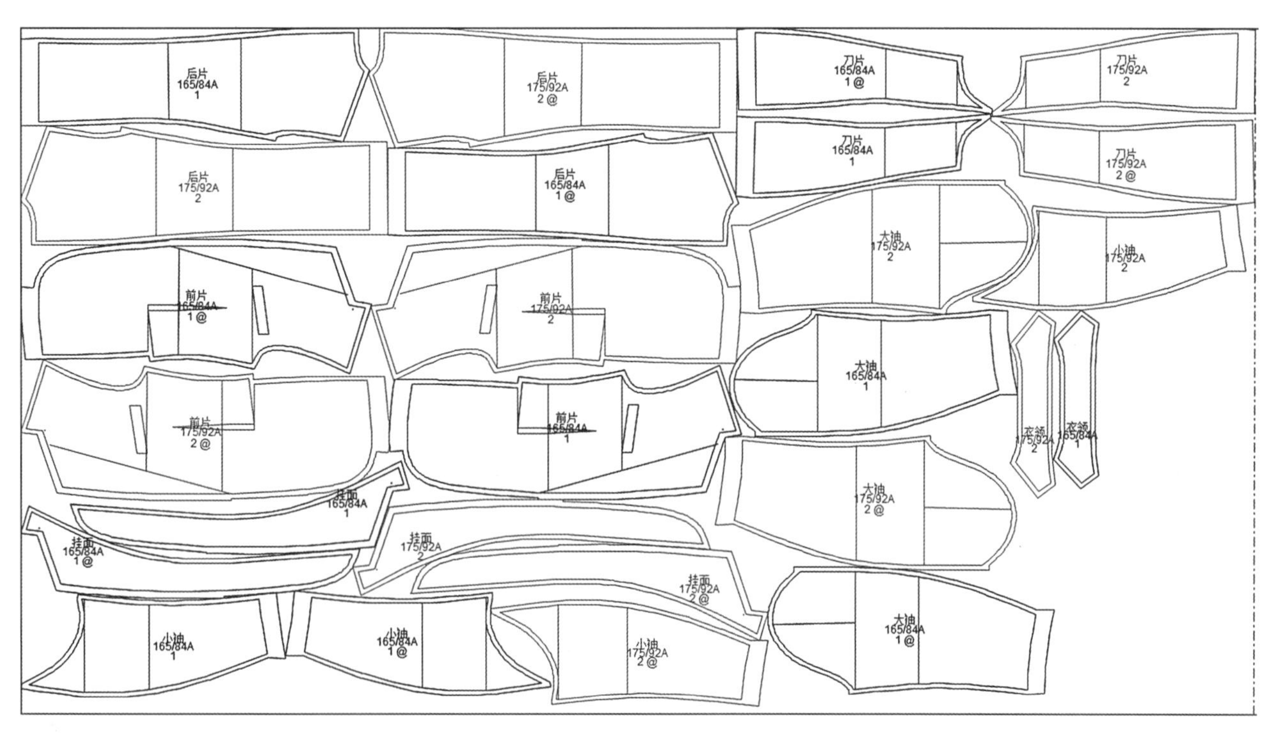

图 8-1

项目 9　连衣裙三维试衣

9.1　项目描述

本项目介绍 PGM 软件的三维模块。

当前的国际制造业领域，信息技术的应用已成为制造业发展的一个重要趋势，而三维数字化设计技术正逐渐成为服装企业设计运用的热点。

9.2　项目目标

1. 知识目标

了解三维服装 CAD 系统的发展概况；了解 PGM 服装 CAD 三维试衣系统模特参数内涵；掌握模拟面料的性能参数对模拟效果的影响；了解图案对服装穿着效果的影响。

2. 技能目标

能够根据需要设置模特参数；能够较好地完成连衣裙三维试衣模拟。

3. 素质目标

能够使用该系统绘制服装及服饰配件的三维效果图，了解人体的相关数据，能对人体模型进行适当的调节，掌握连衣裙的三维试衣，并能举一反三掌握其他服装款式的三维试衣模拟。

9.3　软件讲解

一、三维服装设计系统发展简介

随着计算机技术和社会经济的发展，人们对服装的质量和合体性、个性化的要求越来越高，现有的二维服装 CAD 技术已经不能满足纺织服装业的 CAD 应用要求，服装 CAD 迫切需要由目前的平面设计发展到立体三维设计。因此，近年来国内外均在三维服装 CAD、虚拟现实服装设计等方面开展理论研究和实践应用。

实际上，三维 CAD 有很多行业内已经在应用，但在服装领域，因为服装不像机械、电子行业的固态产品，它的质地是柔性的，会随着外界条件的不同发生改变，因此模拟难度很大，特别是服装 CAD 要实现从二维到三维的转化，需要解决织物质感和动感的表现、三维重建、逼真灵活的曲面造型等技术问题，以及从三维服装设计模型转换生成二维平面衣片的技术问题。这些问题导致三维服装 CAD 的开发周期较长，技术难度较大。

三维服装 CAD 的基础是三维人体测量。目前三维人体测量系统在国外已经商品化，其技术已经较为成熟，其中法、美、日等国利用自然光光栅原理，分别用 40 ms、10 s、1.8 s，即可完成三维人体数据的测量。

三维人体测量通过获取的关键人体几何参数数据，生成虚拟的三维人体，建立静态和动态的人体模型，形成一整套具有虚拟人体显示和动态模拟功能的系统。三维服装CAD在此基础上生成服装布料的立体效果，在屏幕上逼真地显示穿着效果的三维彩色图像及将立体设计近似地展开为平面衣片。

现有的服装批量生产所依据的服装号型不能完全准确地反映各类人群的体型特征，目前国内外都在进行各类人群人体数据库的建立。通过有针对性地对大量不同肤色、不同地区、不同年龄的各类人群进行三维人体测量，收集人体的各项体型尺寸数据，建立数据库，为制定服装规格、号型提供基础数据。

服装三维CAD有别于二维CAD的地方在于：它是在通过三维人体测量建立起的人体数据模型基础上，对模型的交互式三维立体设计，然后再生成二维的服装样片，它主要要解决人体三维尺寸模型的建立及局部修改、三维服装原型设计、三维服装覆盖及浓淡处理、三维服装效果显示特别是动态显示和三维服装与二维衣片的可逆转换等。

目前市场上的三维服装CAD的应用主要有两类：

一是用于量身定做。针对特定客户人体的参数测量及其对服装款式的特定要求（如放松量、长度、宽度等方面的喜好信息），进行服装设计，再生成相应的平面服装样片，其产品可利用互联网进行远程控制实现。

二是用于模拟试衣系统。通过对顾客体型的三维测量，进行互动服装设计，再生成相应的平面服装样片。这类应用也可利用互联网进行电子商务的远程控制实现，如美国的Land Send公司在互联网上可建立顾客的人体虚拟模型，通过顾客的简单操作，可试穿该公司所推出的服装，还可进行立体互动设计，直到顾客满意为止。

现在国外的一些产品已基本能实现三维服装穿着、搭配设计并修改，反映服装穿着运动舒适性的动画效果，模拟不同布料的三维悬垂效果，实现多方向360°旋转等功能。其中美国、日本、瑞士等国家研究开发的三维服装CAD软件比较先进，如美国CDI公司推出的CONCEPT 3D服装设计系统、法国力克公司的3D系统、韩国克罗公司的CLO3D，美国格伯公司的AM-EE-SW 3D系统和PGM系统等能实现较好的三维模拟效果。

我国是服装大国，但在服装的先进技术方面起步较晚，虽然在这一领域的研究虽已取得初步进展，实现了仿三维CAD设计，但离国外的先进技术水平还有较大距离。

二、三维服装设计系统

PGM服装CAD自9.0版本开始推出三维试衣展示系统，之后陆续开发了PGM10.0、11.0及12.0等版本，目前比较新的是PGM15.3版本。在三维表现方面，可以对模特做多方面的参数设置，以及可以进行色彩的设置、光线的渲染、动画模拟等，已显示出一定的实用价值（图9-1）。

（一）试衣模特参数设置

通过对系统内置的模特进行参数设置，得到符合企业需要的人体尺寸。

新建或打开纸样后，点击【3D】|【载入模特儿】或者点击图标，弹出“打开”对话框，可以将系统内置的模特参数载入进来，模特文件的文件格式为＊.mod，PGM的模特包括一个参数化的女性、男性、女孩、男孩和婴儿模特等（图9-2），且这些模特均可以自定义，但是每个模特都有它自己特有的变体设置。以模特伊娃为例介绍，选择Eva.mod文件，打开伊娃模特（图9-3）。

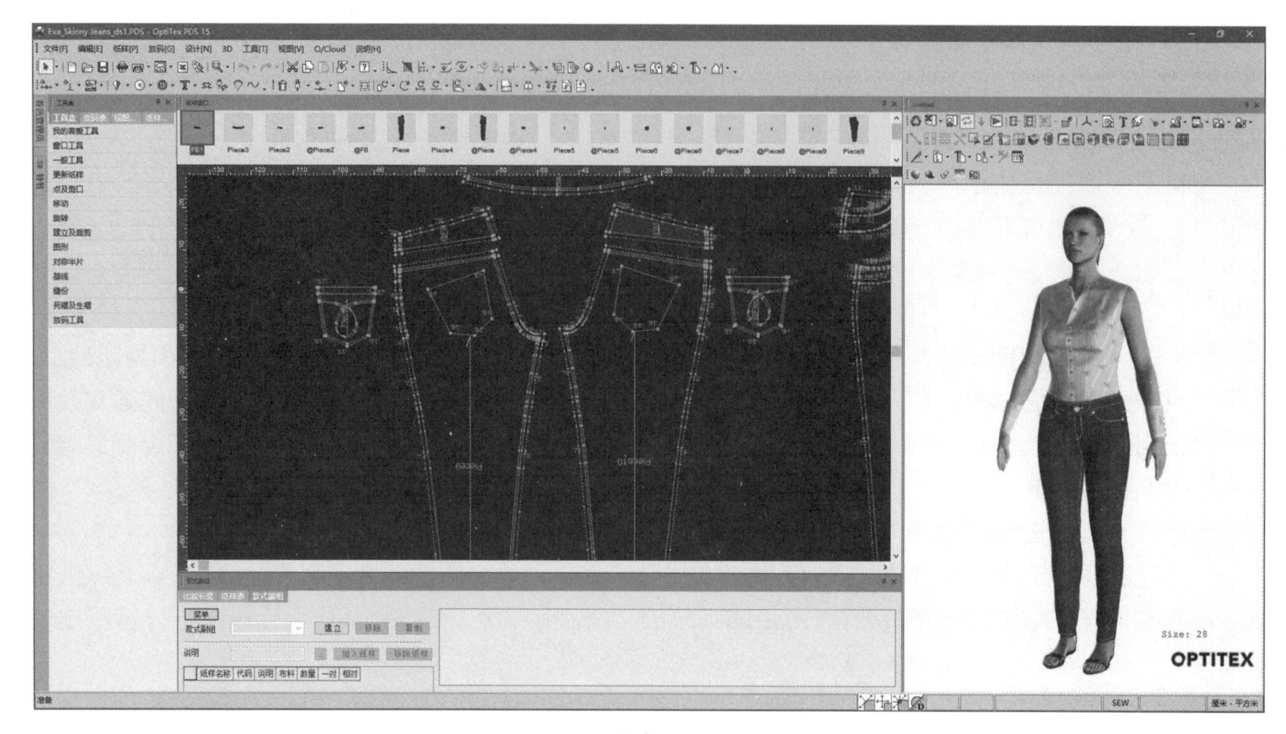

图 9-1

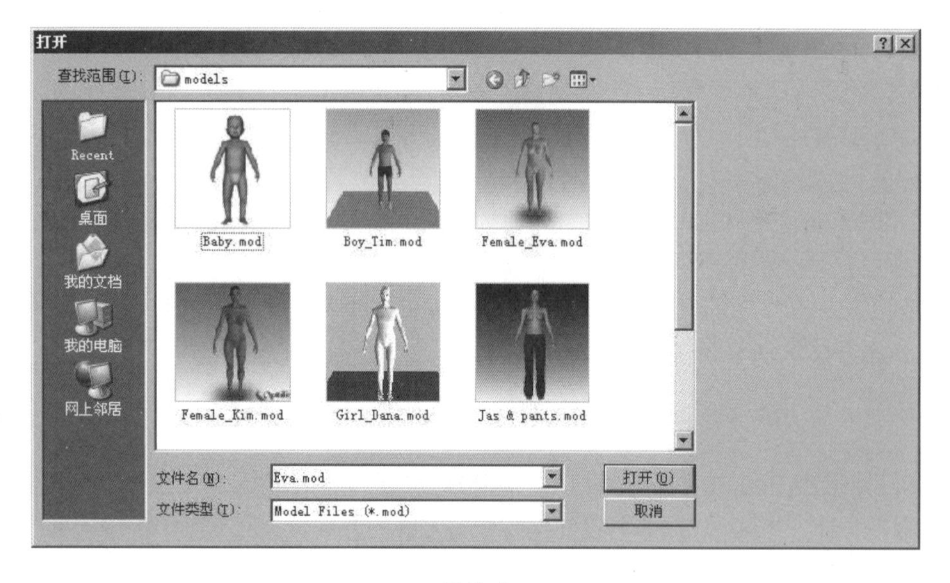

图 9-2

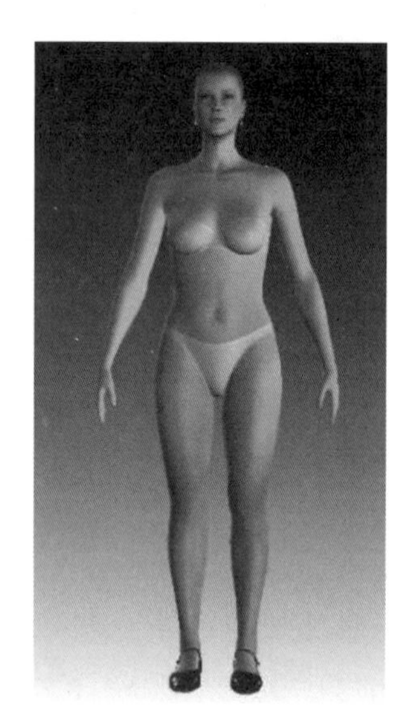

图 9-3

1. 参数设置

点击模特特性 工具，弹出“模特特性”编辑窗(图 9-4)。在【模特特性】编辑窗中，分为 Basics、Lengths、Circumferences、Bust、Pose、Face 等多个项目，每个项目下有设有相应的部位可以调整。当点选某一参数时，模特相应位置显示蓝色提示线条；当对某一参数作调整时，模特形态将随修改的数值发生相应的动态变化(图 9-5)。

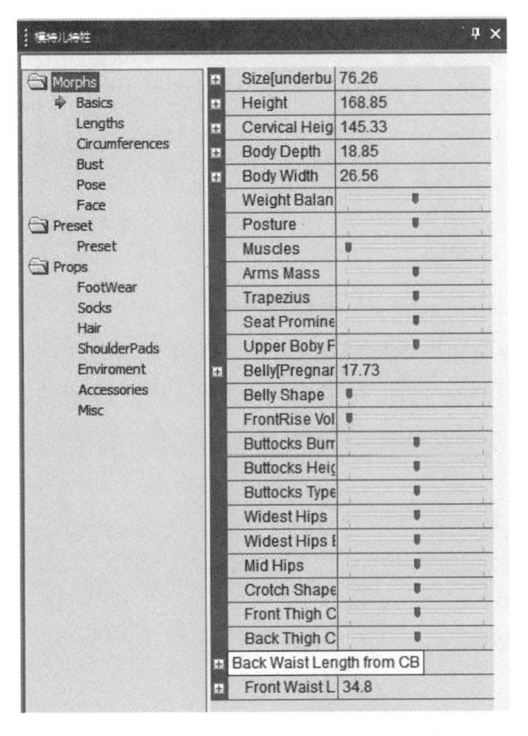

图 9-4

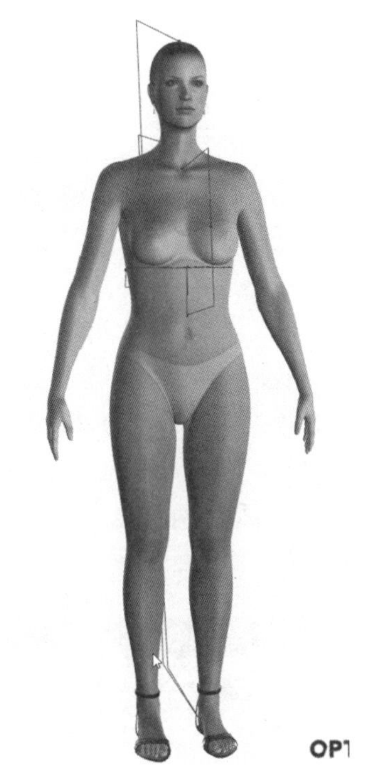

图 9-5

（1）Basics

所有模特都有“Basics”这个分类，它包含主要的身体度量，如下胸围（Size underbust）、身高、外长（裤长）、内长（内裆缝的长度）、肩宽（Cross Shoulders）、腰围、臀围及胸围等部位（图 9-6～图 9-8）。

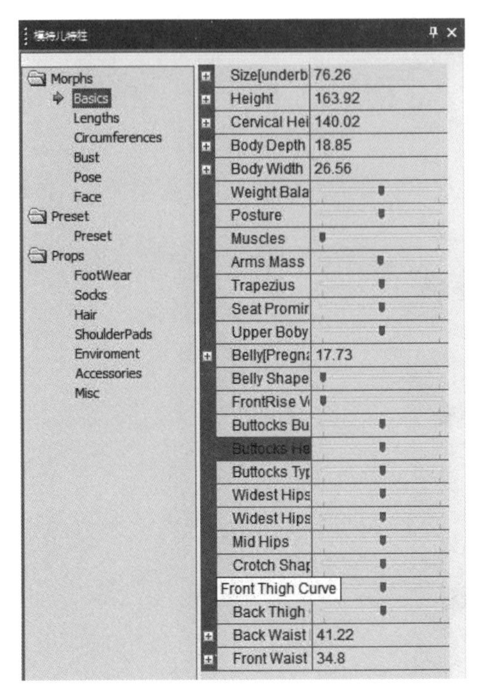

图 9-6

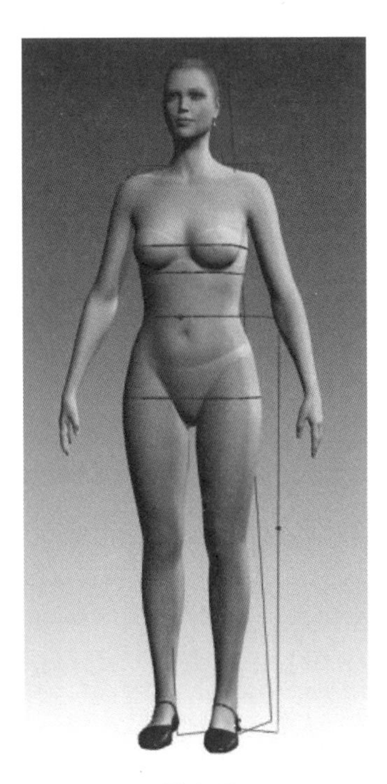

图 9-7

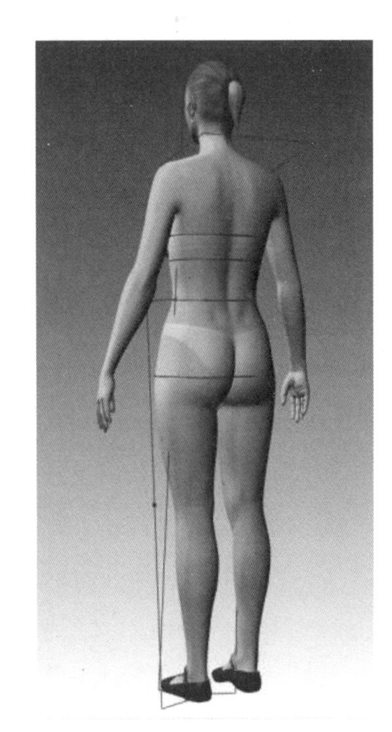

图 9-8

（2）Lengths

Lengths 项目调整的是人体高度方向部位的尺寸，主要是颈点高度（Cervical Height）、上胸围高度（Bust Height）（胸高点至颈侧点距离）、下胸围高度（UnderBust Height）（胸高点至脚跟间距离）、臀围高度（Hip Height）（臀围线至脚跟间距离）、上臀围高度（High Hip Height）、膝盖高度（Knee Height）、大腿高度（Low Thigh Height）、小腿高度（Calf Height）、脚踝高度（Ankle Height），高度方向的调整会影响人体的身长比例，产生高挑或压扁的视觉效果，在调整时应注意调整的幅度，以建立一个完美对称、成比例的符合审美度量的模特（图 9-9～图 9-11）。

（3）Pose

Pose 项目调整的是影响人体姿态的部位尺寸，包括鞋跟高度（Shoes Height）、手臂姿态（Arms Pose）、肩部姿态（Shoulders Pose）、脊椎姿态（Spine Pose）、姿态设置（Pose One）等 13 个小项目，对鞋跟高度的高低、手臂张合的程度、肩部肩斜的大小、脊椎形态是挺胸还是驼背以及两脚的姿势等进行调整（图 9-12～图9-14）。在 PGM15.3 版本中还可以调整两腿间距离、走路姿态、跑步姿态、手指姿态等，并且设置了 5 种姿势（图 9-15～图 9-17）。

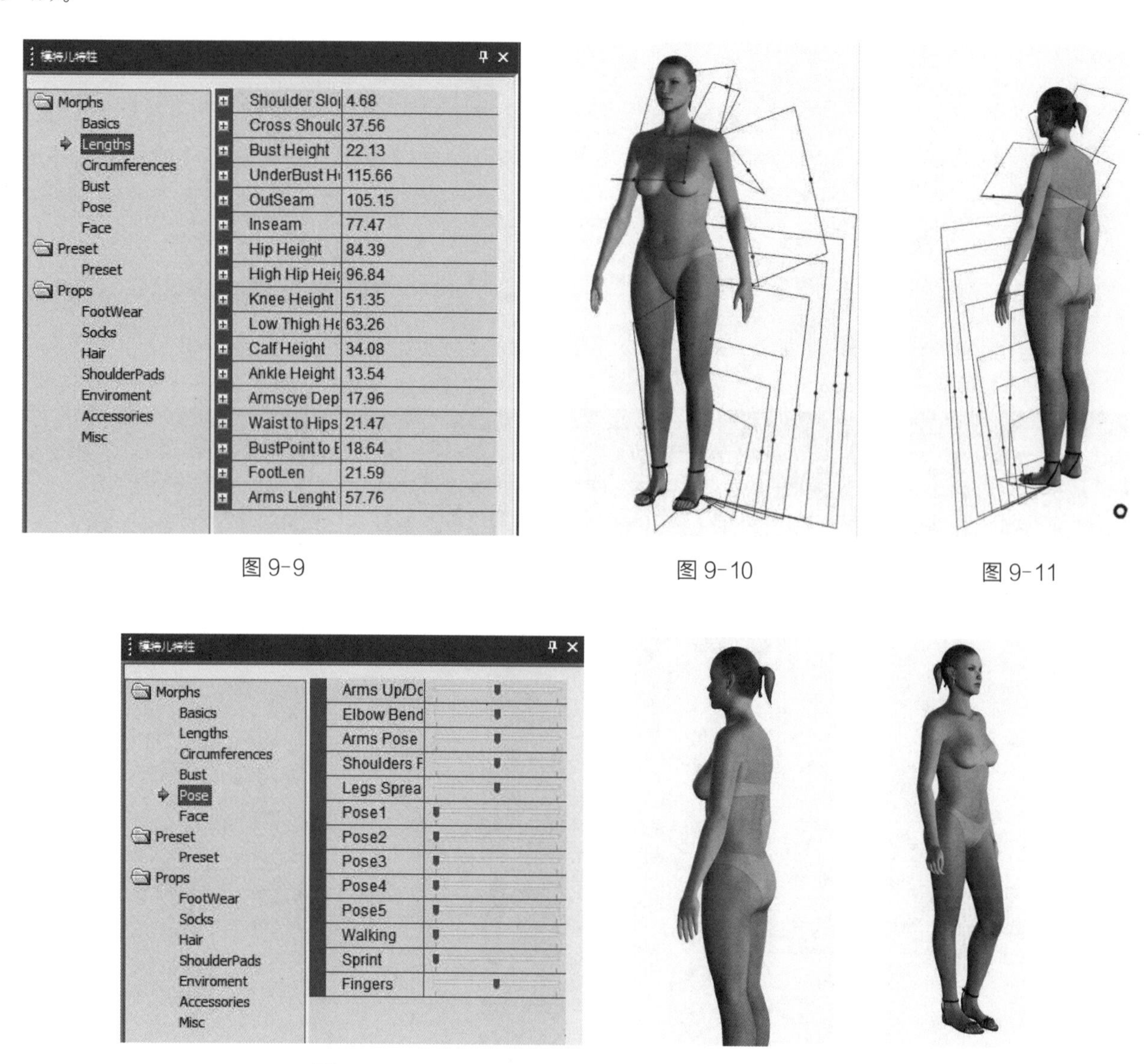

图 9-9　图 9-10　图 9-11

图 9-12　图 9-13　图 9-14

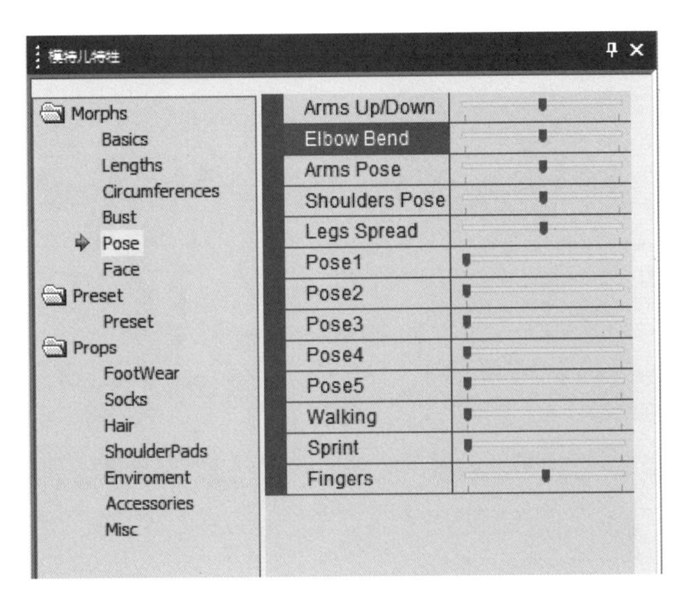

图 9-15

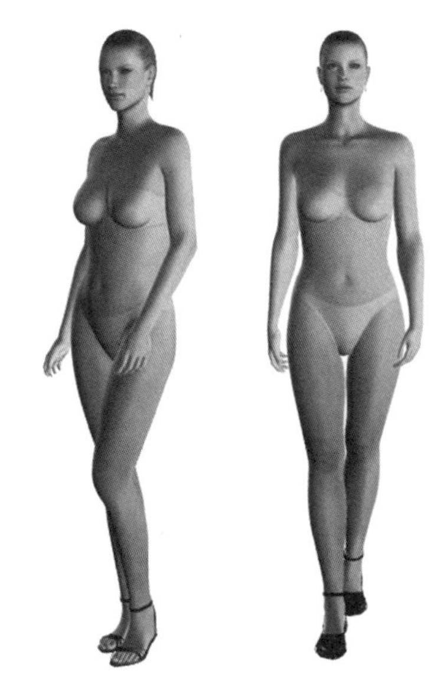

图 9-16　　图 9-17

(4) Bust

Bust 项目是控制模特的胸部形状的分类，某些模特的胸部可能包含：形状（Shape）、乳间距（Base to Base），所有胸部形状都是协助建立一个适合自己需要的模特，特别是像游泳衣、运动并贴身内衣这类对人体胸部形状要求较高的服装非常有必要（图 9-18、图 9-19）。

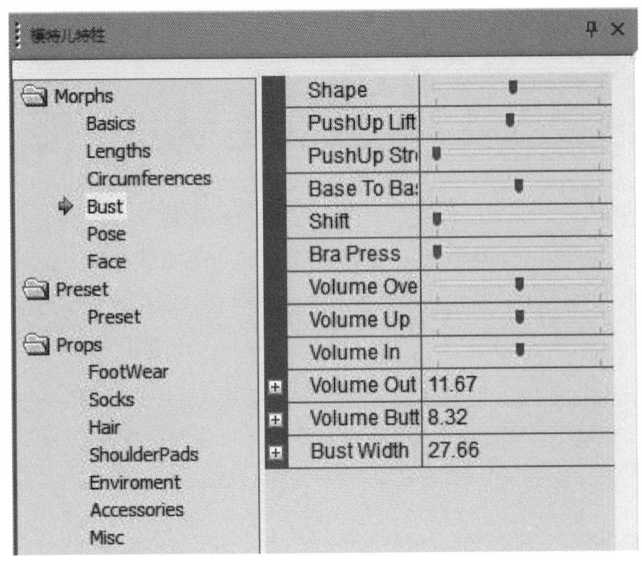

图 9-18

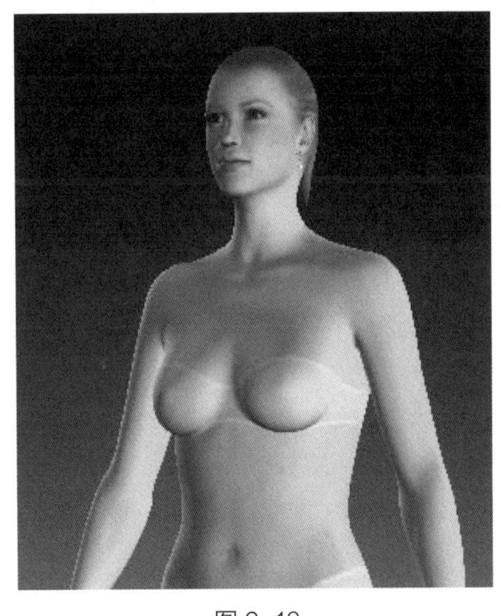

图 9-19

(5) 显示

显示全部当前的度量放置在模特上的位置。

完整显示：显示全部度量及它们的数值（图 9-20、图 9-21）。

全部显示：显示全部放置的度量（图 9-22）。

清除显示：清除全部度量。

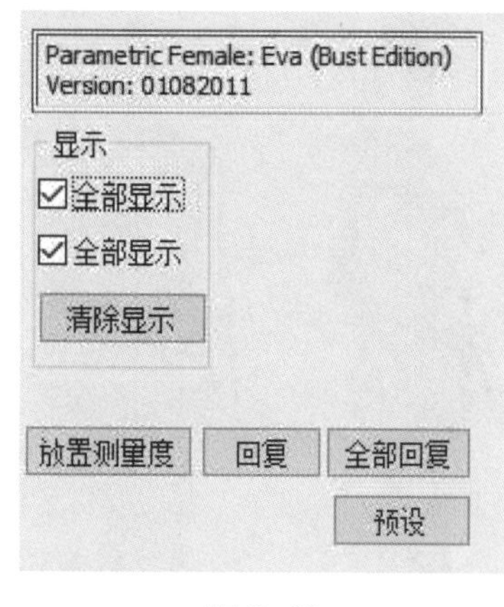

图 9-20

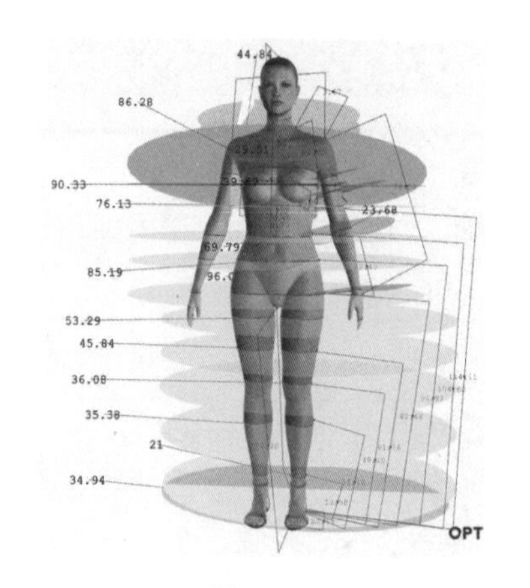

图 9-21

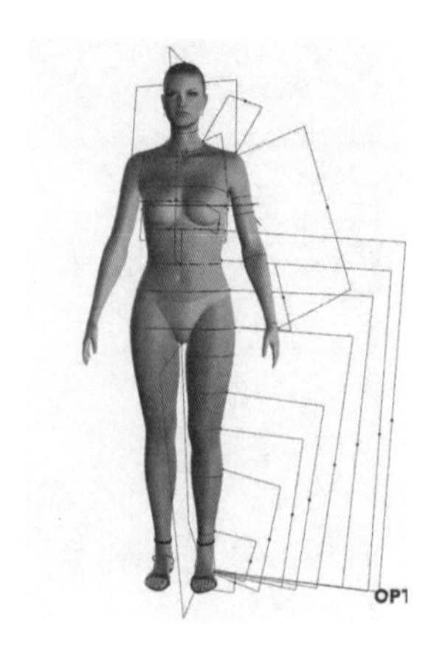

图 9-22

（6）放置测量度

放置测量度允许改变捕获的测量度。

① 选择要替换的测量度，腰围大小为 71.79 cm（图 9-23、图 9-24），在图中以线条显示腰围所在位置（图 9-25）。

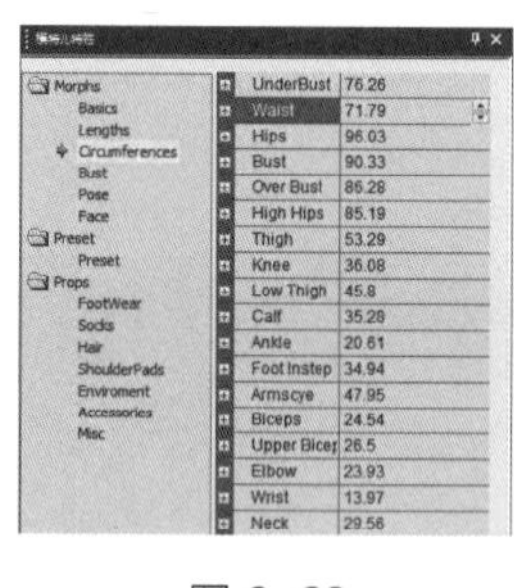

图 9-23

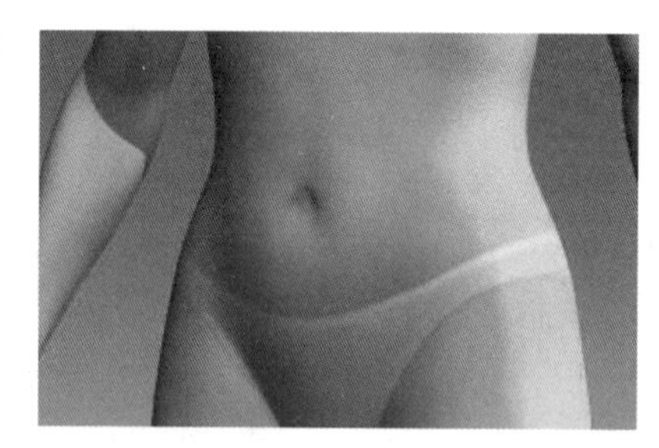

图 9-24

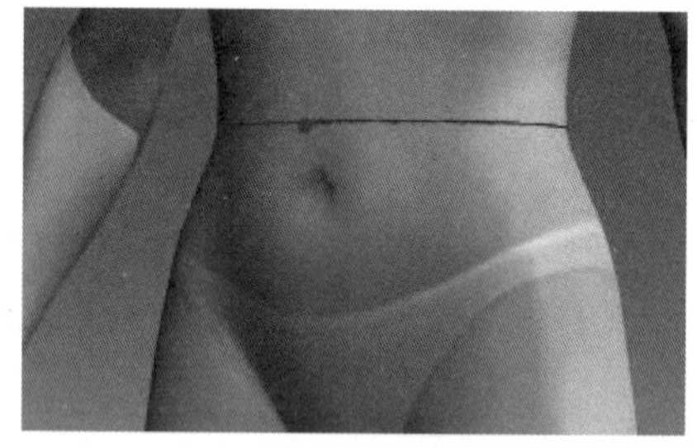

图 9-25

② 移动圆周测度量工具。点击模特属性按钮旁的三角符号，选择增加圆周尺寸命令，模特会增加一个圆周尺寸，按住【Ctrl】，用鼠标左键将该圆周移动到目标位置，移动过程中动态显示人体尺寸数据（图 9-26）。

③ 在“放置测度量”按钮上单击，弹出提示对话框。

④ 腰围测度量将从新的位置被抓取，这个操作不会改变变体的位置，但腰围尺寸发生了改变（图 9-27、图 9-28）。

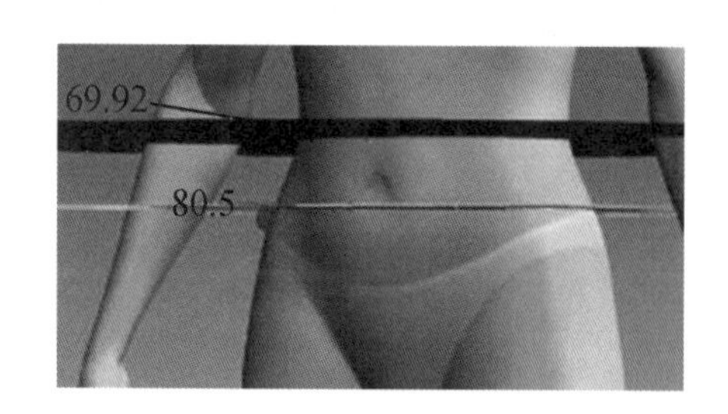

图 9-26

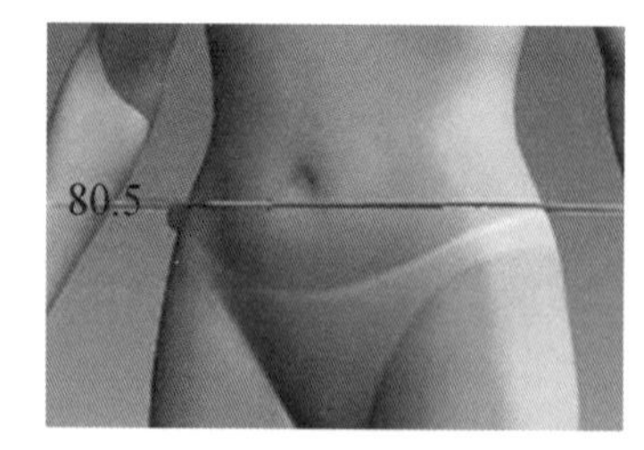

图 9-27

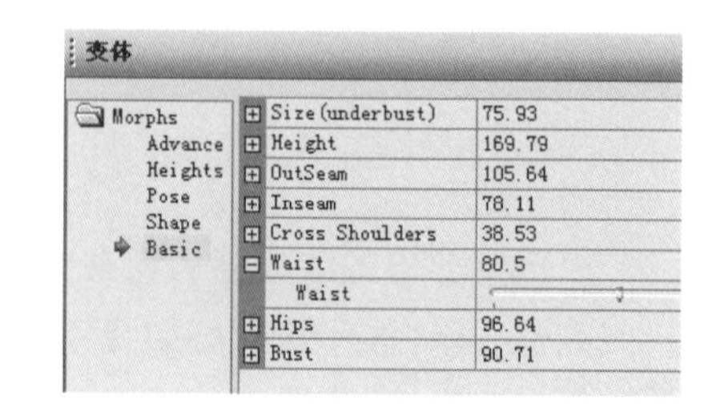

图 9-28

（7）回复

被选中的已修改的度量回复到预设度量。

（8）全部回复

全部被更改的度量都回复到预设度量。

2. 调整工具

（1）增加卷尺工具

使用“卷尺度量”工具，度量定义在3D模特窗口中两个点之间的距离，捕获的度量用直线、弧线来标示，并且匹配模特的外形轮廓。

① 在3D工具栏上“3D模特属性”图标旁的黑色下拉三角箭头上左键单击，这将展开度量工具的下拉列表，从列表中选择“添加卷尺度量”工具。

② 鼠标光标形状此时变成带直尺的形状，这象征卷尺度量工具被启用，使用这个工具捕获一个度量，你需要在3D模特窗口的模特身上单击两个点，首先在第一个点上单击，然后拖曳鼠标光标到另一个点单击，继续拖动鼠标，此时模特身上将显现表示卷尺度量的标识线，移动鼠标调整标识线的角度形状，直至满意后再单击左键。一旦你完成添加卷尺度量操作，度量将被捕获并且它的数值也会显示。

③ 单击左键将设定卷尺度量的位置。

④ 释放卷尺度量工具。右键在3D模特窗口任一地方单击，即可退出卷尺度量。

⑤ 改变卷尺度量的位置。在选择工具下，按住【Ctrl】键在度量标识线（直线）上左键单击，这样就选择了这个卷尺度量，注意此时它将以红色突出显示，然后移动鼠标拖动标识线手柄调整位置，直至达到你想要的位置。

⑥ 删除卷尺度量。在选择工具下，按住【Ctrl】键在度量标识线（直线）上左键单击，这样就选择了这个卷尺度量，注意此时它将以红色突出显示，点击键盘上的【Delete】键即可删除所选的卷尺度量。

卷尺度量以三种线显示，并且它们都将匹配模特的外形轮廓。

直线——直线也有卷尺度量手柄的功能，其外形表现为直线，长度是数字行中第一个数字（黑色）。

圆周线——每个卷尺度量通常都有两种轮廓线标记在身体的外形上：一种标记为蓝色，另一种标记为红色。括号中的数字表示轮廓线的距离，而且它们的颜色与标记线的颜色是一样的。在括号中的第三个也就是最后一个数字是轮廓线的总数。

（2）增加圆周尺寸工具

使用圆周尺寸工具，度量在3D模特窗口的围长，捕获的度量用圆盘来标识身体的截面、弧线及度量长度。

操作方法：

① 在3D工具栏中“模特属性”图标旁的黑色下拉三角箭头上单击，即可展开隐藏的下拉工具列表，从中选择“增加圆周尺寸”工具 。

② 一个圆周尺寸工具出现在模特脚的附近，可以像移动纸样、布料一样在3D视窗中移动圆周尺寸工具的位置，按住【Ctrl】或【Shift】键并用左键在标识圆周工具的圆盘上单击，就可以选择这个圆周尺寸工具。

③ 在按住【Ctrl】或【Shift】键的同时，使用鼠标的左键移动圆周工具的位置。

④ 当停止鼠标的移动，在圆盘位置就捕获了一个圆周度量，一条线将从圆周度量圆盘区域伸出并显示度量数值，这个工具同样也可以在模特被修改以后用来验证身体的尺寸。

⑤ 要删除圆周度量。按住【Ctrl】或【Shift】键，左键在圆周度量的圆盘上单击选择它，再点击键盘上的【Delete】键。

圆周度量可以随同模特一起被保存。

圆周尺寸对话框：

在圆周度量的圆盘标识上左键双击，即可弹出圆周尺寸对话框。

① 半径。为圆周圆盘的半径定义为 25 cm，圆盘半径数值范围一般为 1～50 cm。

② 位置。为圆周圆盘定义位置，圆盘在 3D 模特窗口的坐标原点大约接近模特的脚，图中 Y 轴位置是 90 cm，则圆盘将位于原点上方 90 cm 处。

③ 旋转。环绕 X、Y、Z 轴旋转圆盘。

④ 更改度量轮廓为凸面。如果希望度量区域不紧贴身体，则需要选中该选项，图 9-29 为选中的效果，图 9-30 为非选中紧贴的效果。

⑤ 显示圆盘。显示或隐藏圆盘，隐藏后只显示蓝色提示线。

⑥ 锁定位置。

⑦ 圆盘最大数量。圆周圆盘可以显示大于 1 的多个围长，例如大腿围和手指围，围长的最大数量即是要在一个圆周圆盘上显示的度量细节的数量，而且圆周工具将显示围长（图 9-31）。不同的设置导致在同一个圆盘位置上出现不同数量的围长。

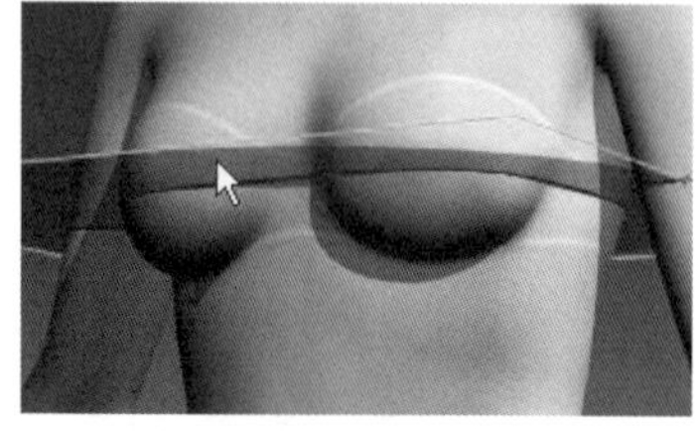

图 9-29

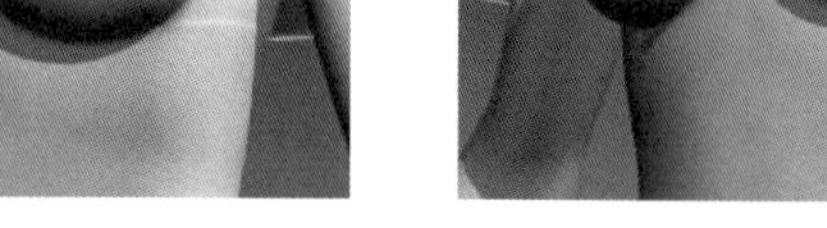

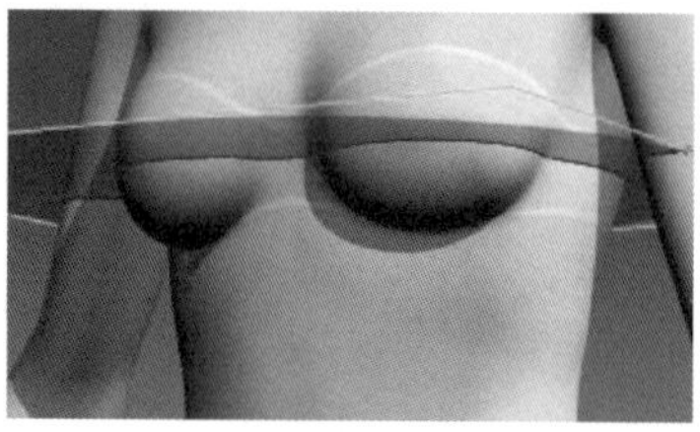

图 9-30

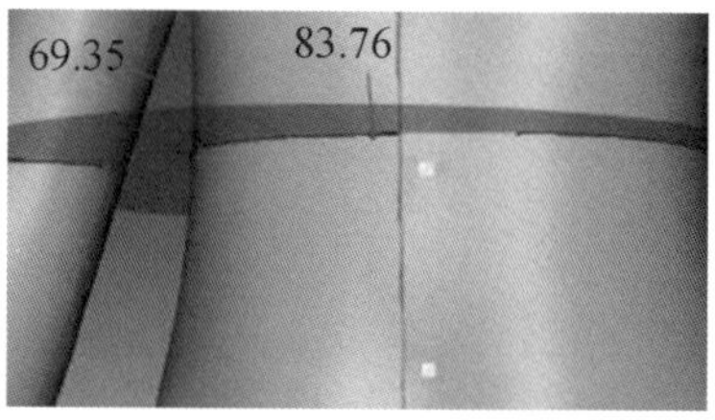

69.35 83.76

图 9-31

⑧ 度量服装及身体

在模拟穿衣时，圆周圆盘可以显示身体和服装。模拟穿衣在模特身上后，单击圆周度量工具，并按住【Ctrl】键，用鼠标左键单击将圆周圆盘放置到预期位置，可以看到身体度量和服装度量两种度量标识，也可以在布料透明或弹性模式下查看服装的设计细节，胸围处人体尺寸 90.6 cm、服装 93.65 cm，腰围处人体尺寸 69.29 cm、服装 77.4 cm（图 9-32）。

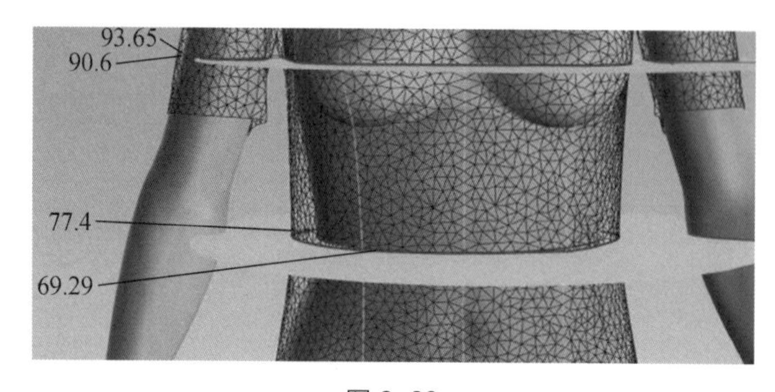

图 9-32

（3）3D 移动纸样工具

使用 3D 移动纸样工具，可以移动所选择的 3D 对象，如纸样、布料、圆周圆盘、clt 对象、模特及垫肩类的模特部件等。

（4）3D 旋转纸样工具

使用 3D 旋转纸样工具，可以旋转被选中的 3D 对象。

(5) 3D 缩放纸样工具

使用 3D 缩放纸样工具可以伸展或缩小所选择的 3D 对象。

(6) 3D 模拟属性

3D 模拟属性对话框是对 3D 世界的物理属性、解算器选项及其他与模拟的布料有关的各种压力的属性进行设置的窗口，一些特殊的布料需要适当的设置它的模拟属性，才可以得到完美的模拟效果（图 9-33）。

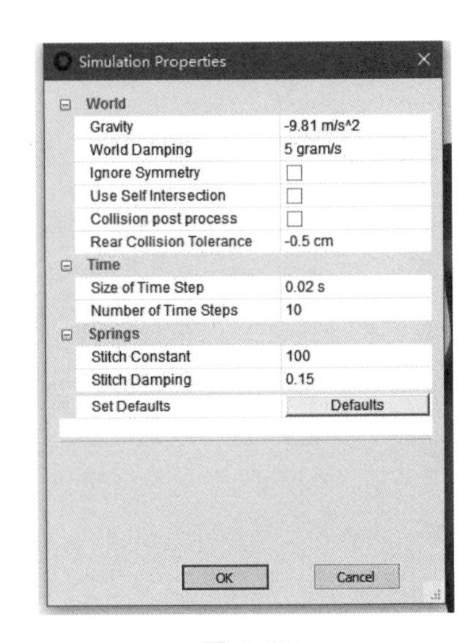

图 9-33

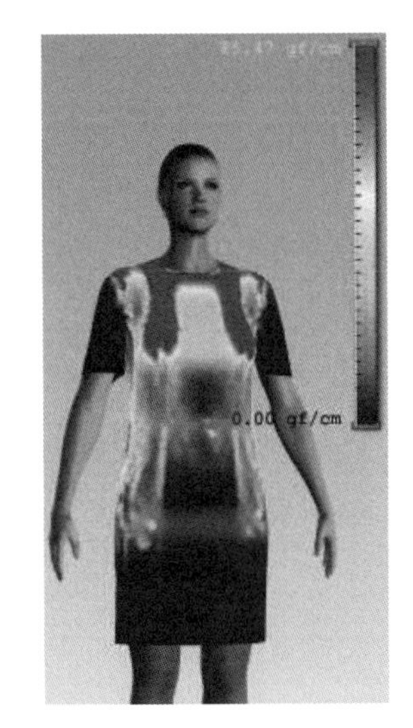

图 9-34

操作方法：

① 点击在 3D 工具栏中的，或从 3D 菜单中选择“模拟属性”命令，打开“模拟属性”对话框。

② 在模拟穿衣进行时，也可以启动该对话框并调整模拟属性。

③ 点击【确定】认可更改并关闭对话框，选择【取消】将不保存更改。

(7) 全图观看

使用全图观看功能，可以在 3D 模特窗口中查看全部 3D 对象。

(8) 自动旋转工具

自动旋转功能，使模特围绕 Y 轴持续地转动，从而可以从各个角度查看 3D 对象。要让模特停下，再次点击该工具按钮即可。

(9) 张力图工具

使用张力图工具，检查模拟的服装对象，用彩色图的形式总体描述服装和模特之间的伸展、张力及距离。

描述的不仅仅只是服装和模特之间的张力，而是张力 U、张力 V、伸展及距离等。

接近检验的服装区域，并查看在这些区域上方找到的张力/距离/伸展的准确数值。

操作方法：

① 在 3D 工具栏“模拟属性”图标旁的黑色下拉三角箭头上点击，展开工具下拉列表，显示隐藏工具，从列表中选择“拉紧图”。

② 3D 模特窗口的显示将变成压力彩色显示（图 9-34）。

③ 双击颜色显示栏调用布料颜色图选项对话框，从这里你可以选择想要的图像类型进行检查。

④ 数值范围（最小值到最大值）是自动设定的，要改变这个范围见下面的布料颜色图选项对话框，要复位范围回到原先的自动数值按住 Shift 键单击颜色显示栏。

⑤ 在布料上移动图像检查工具，描述细节范围的数值。

⑥ 要旋转模特或在 3D 视窗中巡视，按住 Ctrl 键。

⑦ 要退出张力图模式，在 3D 视窗的任一地方右键点击。

（10）编辑照明工具

该工具用于编辑 3D 窗口的照明。

简单方式，是基础的照明，可以表现很清晰的图像。

柔和方式，预设的灯光类型，模拟明亮的房间。

阴影方式，是强烈的灯光，模拟强烈的日光，造成纵深的阴影。

（11）显示阴影工具

使用显示阴影功能，通过投射及阻隔灯光在 3D 模特窗口中描述深度。

显示阴影功能允许模特在他自己身上及在其他的对象上投影。在用快照创作一张照片的时候，使用显示阴影可以得到现实逼真的感觉。

（12）显示或隐藏模特工具

使用该工具，可以使 3D 模特窗口显示或隐藏模特，这在查看纸样在 3D 中的定位及缝线状态时很有用。

（13）保存模特工具

使用保存模特命令，保存 PGM 模特、服装、材质及测量，并且可以从 PGM 导出 3D 模特到其他格式的文件，适合各种不同的 3D 图形应用程序。

可以连同被模拟的服装一起保存模特，并且可以拖曳或脱下穿在模特身上的服装。

（14）使用快照工具

使用快照功能，从 3D 模特窗口生成当前模拟状态的图像文件。

（二）三维模拟

1. 设置 3D 纸样位置

设置纸样的位置，确保每一片纸样名称的唯一性。

① 打开 3D 属性对话框，如图 9-33，每个位置都有初始 3D 形状的预设定义，都被预设为“前面”、“平面”，可以重新定义，如定义“袖子”为“左边的臂”“圆筒”“70%”，定义“前片”为“前面”“圆筒”“50%”，定义“后片”为“后面的”“圆筒”“50%”等。

② 单击 3D 工具栏中的“放置布料”命令，可以看到图 9-35 和图 9-36 的图像。

③ 为每个纸样设置在工作区中的恰当的定位，使用旋转工具对纸样进行旋转调整，将纸样放置到符号要求的位置。注意方向问题，屏幕上的左边实际上是身体的右边。

④ 选择所有纸样，单击“3D 属性”界面的【同步】按钮。

⑤ 要刷新视图，先点击“清除布料”图标，然后点击“放置布料”图标，衣片出现在模特周围（图 9-37）。

⑥ 编辑纸样位置。

要移动一个指定的纸样，按住【Ctrl】或【Shift】键不放，然后用鼠标左键点击纸样，纸样上出现一个绿色的矩形，表示纸样已经被选中。

按住【Ctrl】键，并用鼠标左键点击要移动的纸样，上下左右移动鼠标，纸样随着鼠标向上下左右移动。

按住【Ctrl】键，并用鼠标右键点击要移动的纸样，上下移动鼠标，纸样向内或向外移动。

按住【Shift】键不放，同时按住鼠标的左右两键，然后向上或向下移动鼠标，纸样将左右旋转。上下移动鼠标，纸样向左或向右旋转。

按住【Ctrl】键不放，同时按住鼠标的左右两键，然后向左或向右移动鼠标，纸样向内或向外旋转。

按住【Ctrl】键不放，同时按住鼠标的左右两键，然后向上或向下移动鼠标，纸样会围绕 Z 轴旋转。

判断纸样放置是否正确，可以旋转模特从多个角度观察，直到符合要求为止，见图 9-37。

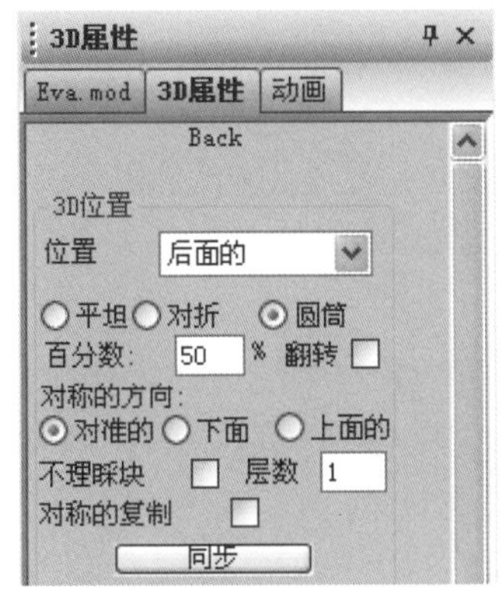

图 9-35

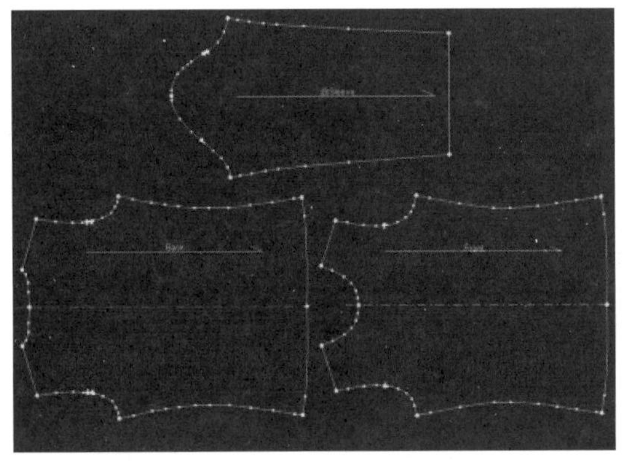

图 9-36

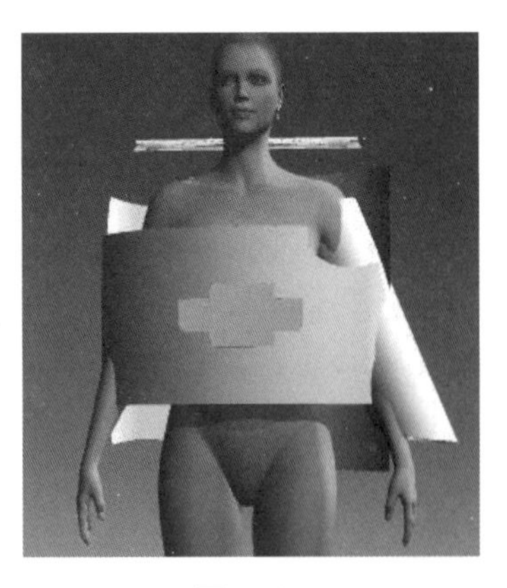

图 9-37

2. 缝合纸样

缝合纸样在 PDS 模块里完成。

① 点击“清除布料”工具，除去人体模特身上的布料，但布料的放置并不会丢失，直到下一步选择“同步”。

② 从 3D 工具栏中选择“缝合”工具，光标形状变为 ，开始缝合纸样。

③ 三种缝合方式：

线段到线段——在需要缝合的线上用鼠标左键点击，被选中线段的颜色将突出显示，缝合工具的光标形状变成带 2 的缝纫机形状，表示下一条线段将与这条先选择的线段缝合(图 9-38、图 9-39)。

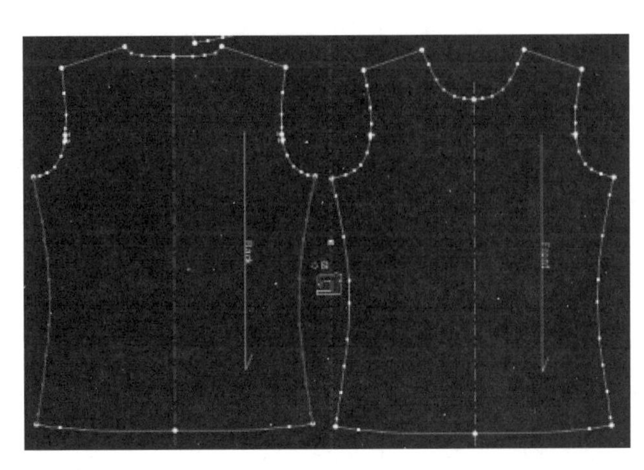

图 9-38

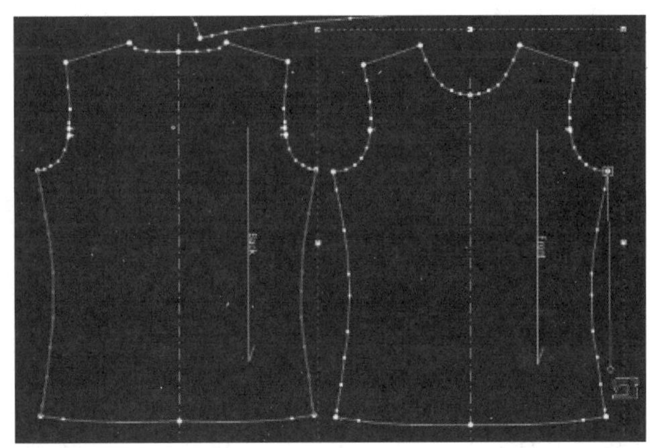

图 9-39

点到点——鼠标左键在一个放码点上点击，然后延顺时针方向在下一个放码点上点击，这就定义了缝合的第一个“一半”，此时光标形状变成带 2 的缝纫机形状。

矩形选择——添加完整的缝合，或通过拖动矩形框选指定线段的终点，这个功能在缝合较小线段且难以放大时很有用。

拖动矩形，可以同时选择需要缝合的两条线段，也可以先选第一条线段，然后再选第二条线段。

添加缝合时，可以使用放大工具(矩形放大除外)、滚动条及鼠标中轮变换界面，然后继续缝合。

删除完成的缝合，需先选择(红色表明被选中)，然后点击键盘上的【Delete】键。选择缝合线，需切换到

"显示缝合模式"工具(Shift + U),或在选择之前释放缝合工具(在屏幕上任意空白区域内右键单击),单击左键单击选择要删除的线段,也可以拖动矩形框选择并删除。

3. 验证缝合

缝合全部部件之后,应检验确认缝线连接是否正确。

① 再次点击"放置布料"图标,3D 视窗中可以看见缝线连接情况,孤立的缝线此时是看不见的(图 9-40)。

② 这时可能得到正确的缝合,也可能有的缝线是不正确的,还可能是颠倒的。

③ 若遗漏了某个部位的缝合,可以回到 2D 工作区,用缝合工具添加缝合。

④ 若缝线颠倒,可以从 3D 工具栏中选择"显示缝合模式"工具,选择颠倒的缝线,选中的缝线将突出显示(变为红色),然后在"3D 属性"窗格缝合属性下,复选"翻转"选项进行调整,直至调整完成(图 9-41、图 9-42)。

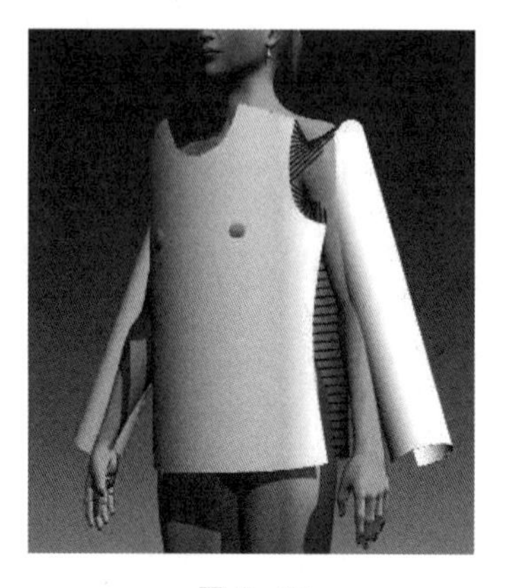

图 9-40

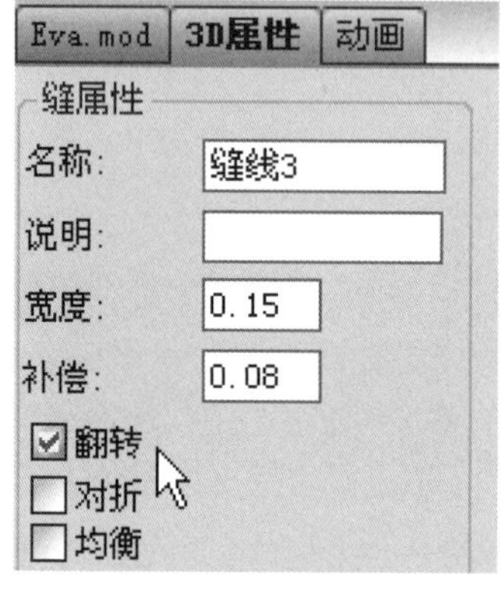

图 9-41

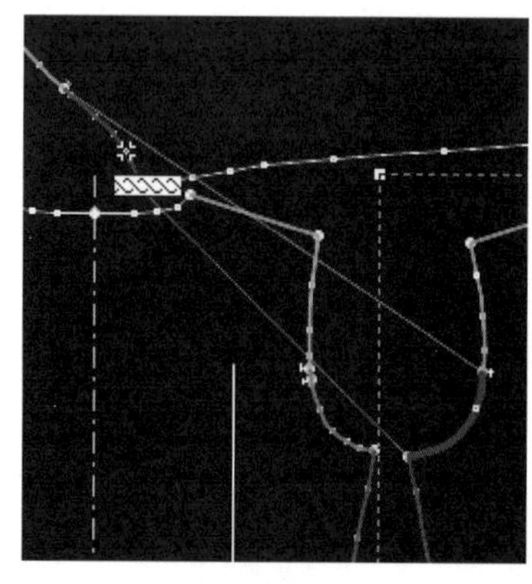

图 9-42

⑤ 重新放置布料并检验缝线,核实所有缝合都呈现为正确的位置,可以点击隐藏模特按钮,从各个角度查看缝合的连接情况。

移动模特——同时按住鼠标左右键后进行移动。

倾倒模特——按住鼠标右键后上下左右移动实现倾倒。

要显示或隐藏模特,可以从 3D 工具栏中选择"显示或隐藏模特"按钮(图 9-43)。

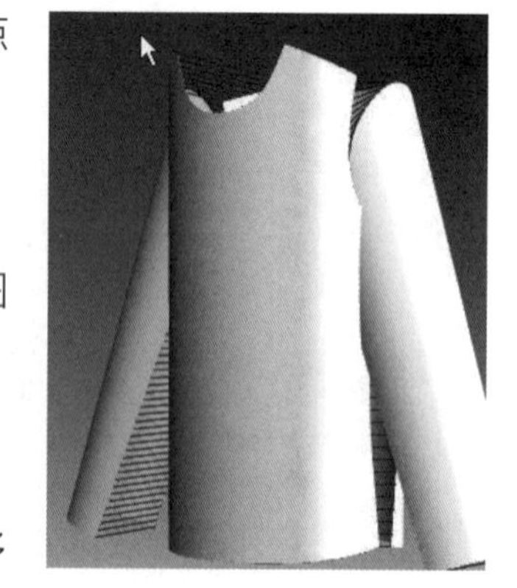

图 9-43

4. 简单模拟试衣

在 3D 工具栏上鼠标左键点击"模拟穿衣"按钮,即可运行模拟穿衣。

模拟穿衣过程的速度与计算机性能相关,同时也涉及所模拟服装衣片的多少和模拟分辨率的大小等。一般来说,纸样数量较少的服装,模拟的速度较快。同样,分辨率高也需更多的模拟时间。

图 9-44～图 9-48 显示了简单的模拟试衣过程及最终效果图,而较完美的模拟效果还要依靠其他许多要素,包括布料叁数及缝合属性等来实现。

5. 布料材质

可以为全部纸样一次性定义一样的布料材质,也可以给每个衣片定义不同的布料材质。

① 在 PDS 中选择【查看】|【3D 窗口】|【性质】命令,弹出【纸样材质】对话框,用来定义纸样的材质属性(图 9-49)。这个窗口与 3D 属性窗口一样都是动态窗口,当选择的对象是缝线时,就成为"缝线底纹"。

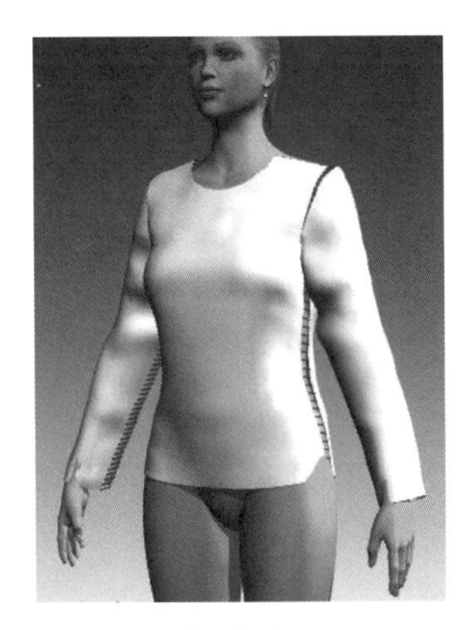

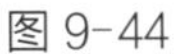

图 9-44

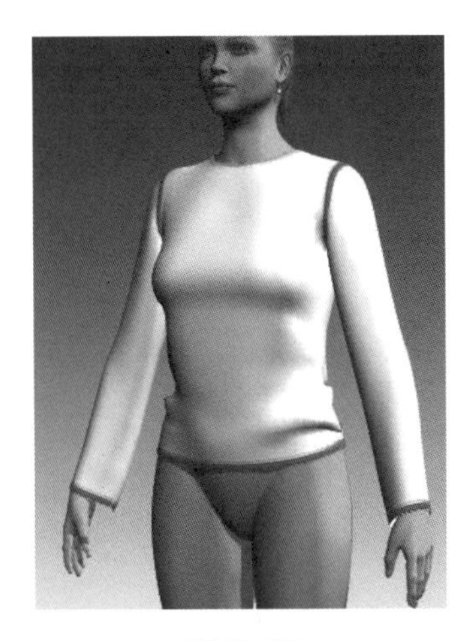

图 9-45

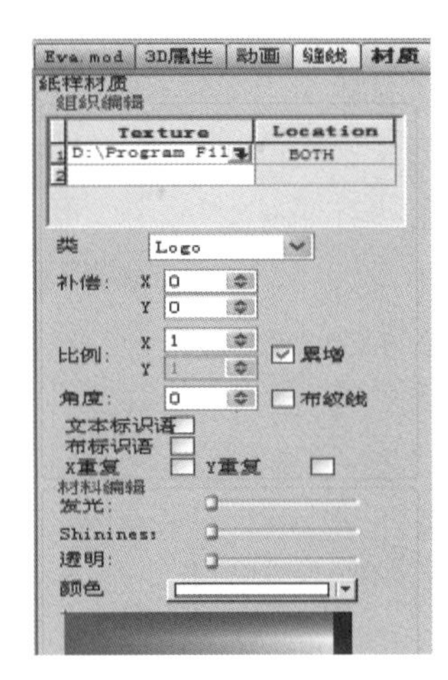

图 9-46

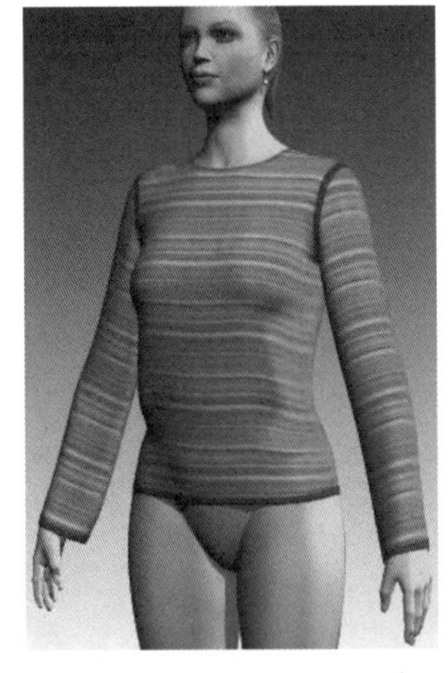

图 9-47

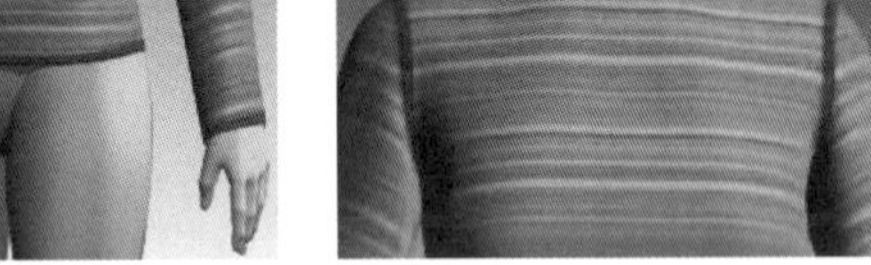

图 9-48

图 9-49

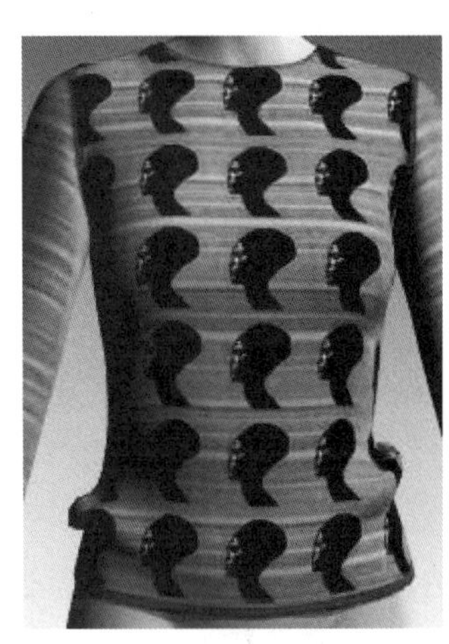

图 9-50

② 从“组织编辑”中，点击黑色的向下箭头，弹出“打开”对话框即可定义材质 1。

③ 选择一个材质文件，支持的文件类型为 jpg、png、tif、bmp 格式的图像文件，例如选择 stripes.jpg 文件后，出现添加了头像图案的效果(图 9-50)。

④ 对于条纹面料，可以调整袖子的条纹，使之与前后身的条纹相匹配，选择袖子纸样，然后在底纹窗口“Y 偏移”信息栏中更改数值为从 0 到 6.2，这将移动材质，使条纹看起来更匹配，你也可以使用信息栏旁边的向上或向下箭头来设定数值。

⑤ 添加印花图案：

选择“前面”纸样；

在“材质”对话框中，点击材质 2 旁边的黑色向下箭头，弹出“打开文件”对话框；

选择材质文件“woman.png”，图 9-51 是在材质类型被定义为“Pattern”时，印花图案将在条纹材质上面循环重复，成为连续图案，若定义为“logo”，则需勾选“X 重复”和“Y 重复”复选框，否则就是一个单独的图案；

图案的缩放及位置调整。若需放大或缩小图案，可以通过比例 X、Y 的数值进行。图案位置的移动可以通过补偿 X、Y 数值进行。

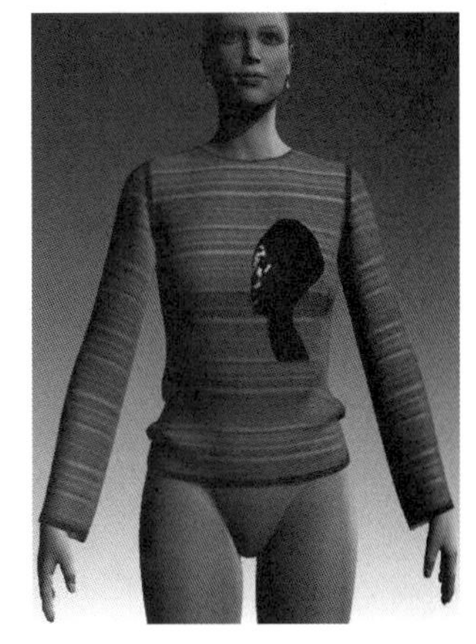

图 9-51

6. 缝线材质

缝线的材质可以在“材质”对话框进行定义，为了区别不同的缝纫方式，更真实地模拟现实的车缝效果，可以使用两个不同的缝线用于衬衫——Overlock 缝线用于边缘，Flatlock 缝线用于袖子，这两个缝线文件都是 PGM 系统自带的样本素材文件。

系统预设缝线为白色，宽度为 0.15 cm。

(1) 选择边缘缝线

通过单击“显示缝合模式”图标，或单击 Shift + U，鼠标将变成选择缝线的状态，单击缝线完成选择，按住【Shift】可以选择多条缝线。

(2) 打开“材质”对话框编辑

打开“材质”对话框，从“组织编辑”中，点击“材质 1”旁边的黑色下拉箭头，弹出“打开文件”对话框，选择文件“Overlock.png”。

(3) 在 3D 模特视窗中查看效果，如看不见缝线，则需调整

① 在“3D 属性”窗口，缝线依然被选择时，缝合属性已经开始。

② 在“宽度”信息栏中将其数值改为 1 cm。

③ 在“材质”窗口使用“偏移”编辑栏给缝合生成材质，直到包围边缘为止，将“偏移”编辑栏中的 X 数值改为 0.2 cm，达到正确状态(图 9-52～图 9-54)。

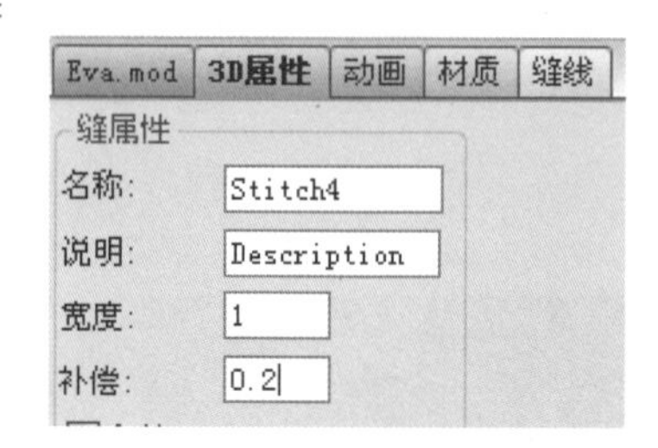

图 9-52

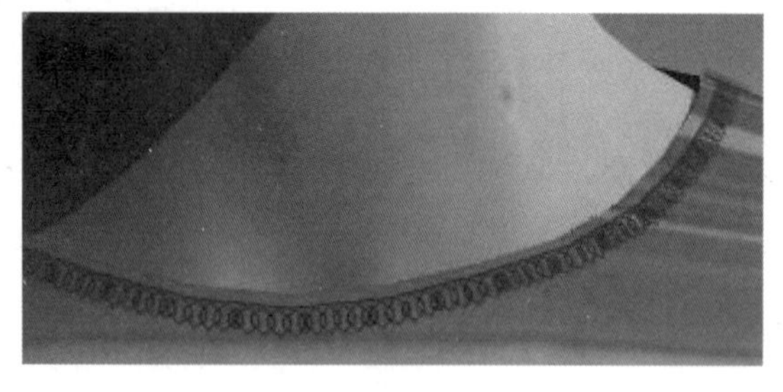

图 9-53

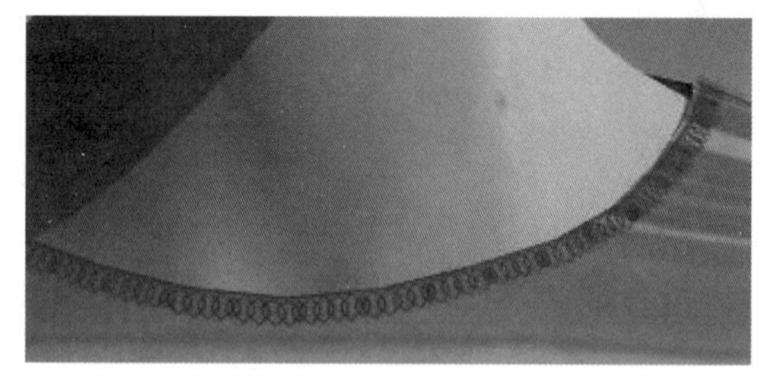

图 9-54

④ 其他部位缝线添加方法与此类似。

(4) 修改缝线颜色

① 选择所需更改颜色的缝线。

② 在“材质”窗口“材料编辑”区段，在颜色面板中调整颜色(图 9-55)，达到需要的效果及细节(图 9-56、图 9-57)，图 9-58～图 9-60 为其他试衣实例。

图 9-55

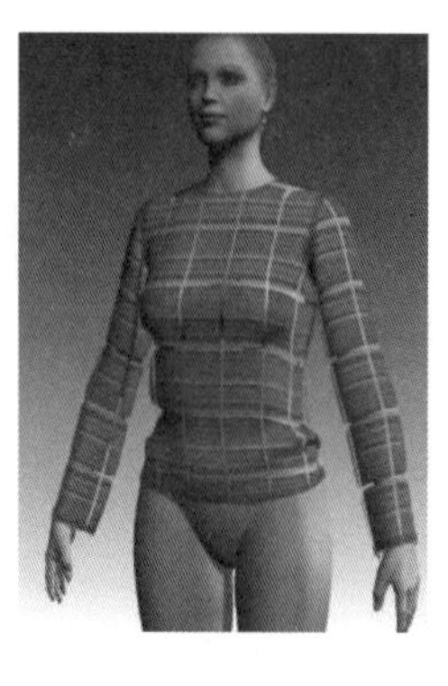

图 9-56

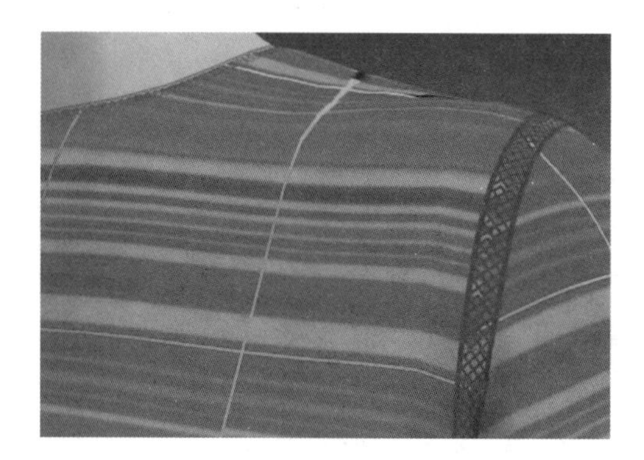

图 9-57

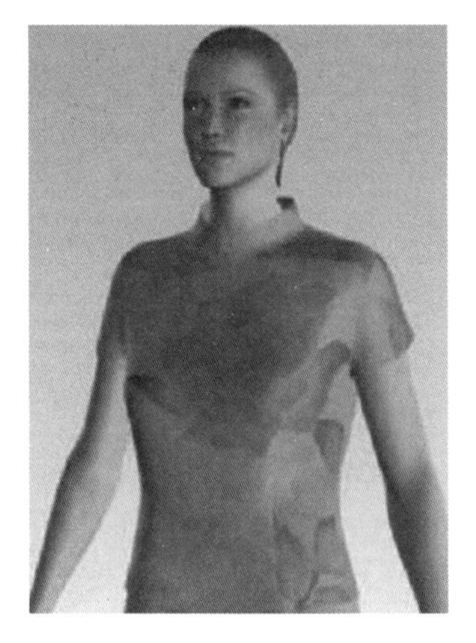

图 9-58

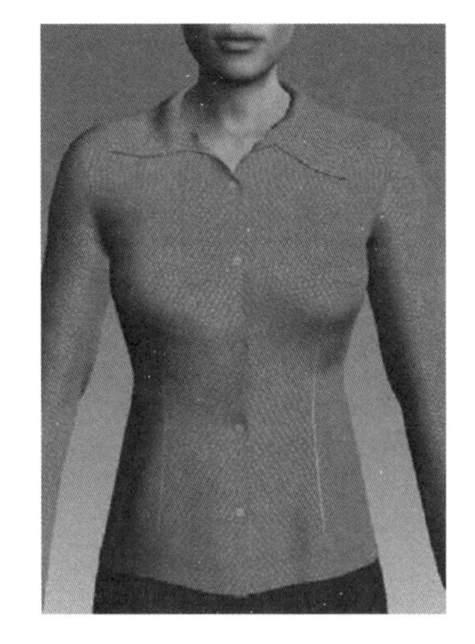

图 9-59

图 9-60

三、连衣裙三维试衣

1. 设置 3D 纸样位置

① 选取【视图】|【3D 窗口】|【3D 特性】菜单，打开 3D 属性工作栏，每个位置都有初始 3D 形状的预设定义，都被预设为“前面”“平面”，根据衣服形态做重新设定。其中，定义“袖子”为“LeftArm”“圆筒”“90%”，定义“前片”为“Front”“圆筒”“30%”，定义“后片”为“Back”“圆筒”“30%”等(图 9-61～图 9-63)。

Piece: 袖片	
总体	
尺码	S*
显示和锁定	
忽略	☑
锁定位置	☐
定位	
2D 到 3D 方向	同步
位置：	Left Arm
形状	圆筒
Percentage	90 %
Fold LR/UD	Left/Right
Fold In/Out	In
恒定不变参数	0 %
层数	1
对称	排列
清晰度	0.9 厘米
组别名称	
布料参数	
布料列表	C:\Program Files\Optitex 15\
选择布料	[OP45] Woven_Twill (95%co
弯曲度	443; 78 dyn*cm
伸展	5029.56; 484.2 grf/cm
剪切	181 grf/cm
摩擦	0.5
厚度	0.1 厘米
重量	125 gr/m^2
收缩	0; 0 %
压力	0 psi
布体积	计算
设定为默认值	预设
结构特性	
反转	☐
角度	90 □
偏移	0, 0
X	0
Y	0

图 9-61

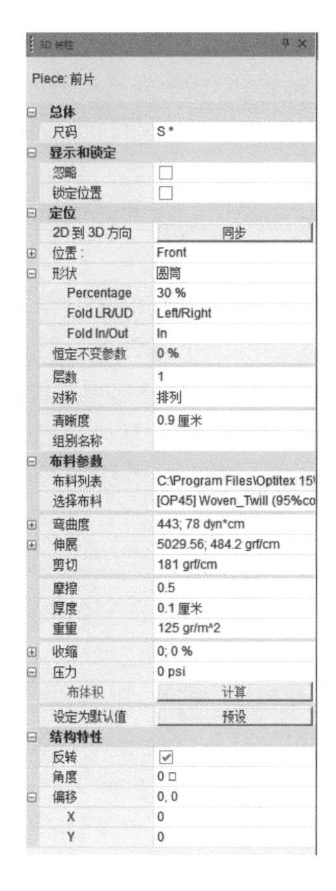

Piece: 前片	
总体	
尺码	S*
显示和锁定	
忽略	☐
锁定位置	☐
定位	
2D 到 3D 方向	同步
位置：	Front
形状	圆筒
Percentage	30 %
Fold LR/UD	Left/Right
Fold In/Out	In
恒定不变参数	0 %
层数	1
对称	排列
清晰度	0.9 厘米
组别名称	
布料参数	
布料列表	C:\Program Files\Optitex 15\
选择布料	[OP45] Woven_Twill (95%co
弯曲度	443; 78 dyn*cm
伸展	5029.56; 484.2 grf/cm
剪切	181 grf/cm
摩擦	0.5
厚度	0.1 厘米
重量	125 gr/m^2
收缩	0; 0 %
压力	0 psi
布体积	计算
设定为默认值	预设
结构特性	
反转	☑
角度	0 □
偏移	0, 0
X	0
Y	0

图 9-62

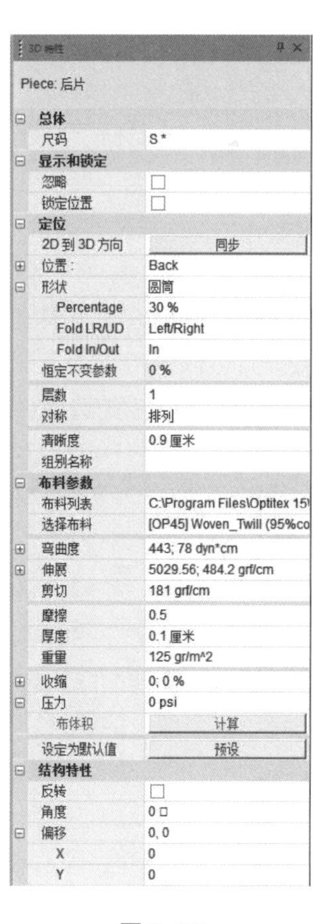

Piece: 后片	
总体	
尺码	S*
显示和锁定	
忽略	☐
锁定位置	☐
定位	
2D 到 3D 方向	同步
位置：	Back
形状	圆筒
Percentage	30 %
Fold LR/UD	Left/Right
Fold In/Out	In
恒定不变参数	0 %
层数	1
对称	排列
清晰度	0.9 厘米
组别名称	
布料参数	
布料列表	C:\Program Files\Optitex 15\
选择布料	[OP45] Woven_Twill (95%co
弯曲度	443; 78 dyn*cm
伸展	5029.56; 484.2 grf/cm
剪切	181 grf/cm
摩擦	0.5
厚度	0.1 厘米
重量	125 gr/m^2
收缩	0; 0 %
压力	0 psi
布体积	计算
设定为默认值	预设
结构特性	
反转	☐
角度	0 □
偏移	0, 0
X	0
Y	0

图 9-63

② 单击 3D 工具栏中的“衣料位置”命令，放置布料。

③ 为每个纸样设置在工作区中的恰当的定位，使用旋转工具对纸样进行旋转调整，将纸样放置到符合要求的位置，屏幕上的左边实际上是身体（衣片）的右边。

④ 选择所有纸样，单击“3D 属性”界面的【同步】按钮。

⑤ 要刷新视图，先点击“清除布料”图标，然后点击“衣料位置”图标。

⑥ 编辑纸样位置。

按住【Ctrl】键，并用鼠标左键点击要移动的纸样，上下左右移动鼠标，纸样随着鼠标向上下左右移动。

按住【Ctrl】键，并用鼠标右键点击要移动的纸样，上下移动鼠标，纸样向内或向外移动。

按住【Shift】键不放，同时按住鼠标的左右两键，然后向上或向下移动鼠标，纸样将左右旋转。上下移动鼠标，纸样向左或向右旋转。

按住【Ctrl】键不放，同时按住鼠标的左右两键，然后向左或向右移动鼠标，纸样向内或向外旋转。

按住【Ctrl】键不放，同时按住鼠标的左右两键，然后向上或向下移动鼠标，纸样会围绕 Z 轴旋转。

判断纸样放置是否正确，可以旋转模特从多个角度观察，直到符合要求为止。

2. 缝合纸样

缝合纸样在 PDS 模块里完成。

① 点击“清除衣料”工具，除去人体模特身上的布料，但布料的放置信息并不会丢失，直到下一步选择“同步”。

② 从 3D 工具栏中选择“缝合”工具，光标形状变为，开始缝合纸样。

③ 三种缝合方式：

线段到线段——在需要缝合的线上用鼠标左键点击，被选中线段的颜色将突出显示，缝合工具的光标形状变成带 2 的缝纫机形状，表示下一条线段将与这条先选择的线段缝合。

点到点——鼠标左键在一个放码点上点击，然后延顺时针方向在下一个放码点上点击，这就定义了缝合的第一个“一半”，此时光标形状变成带 2 的缝纫机形状。

矩形选择——添加完整的缝合，或通过拖动矩形框选指定线段的终点，这个功能在缝合较小线段且难以放大时很有用。

拖动矩形，可以同时选择需要缝合的两条线段，也可以先选第一条线段，然后再选第二条线段。

添加缝合时，可以使用放大工具（矩形放大除外）、滚动条及鼠标中轮变换界面，然后继续缝合。

要删除完成的缝合，需先选择（红色表明被选中），然后点击键盘上的【Delete】键。要选择缝合线，需切换到“显示缝合模式”工具（Shift + U），或在选择之前释放缝合工具（在屏幕上任意空白区域内右键单击），单击左键单击选择要删除的线段，也可以拖动矩形框选择并删除。

3. 验证缝合

缝合全部部件之后，应检验确认缝线连接要正确。

① 再次点击“衣料位置”图标，3D 视窗中可以看见缝线连接情况，孤立的缝线此时是看不见的（图 9-64）。

② 这时可能得到正确的缝合，也可能有的缝线是不正确的，还可能是颠倒的。

③ 若遗漏了某个部位的缝合，可以回到 2D 工作区，用缝合工具添加缝合。

④ 若缝线颠倒，可以从 3D 工具栏中选择“显示缝合模式”工具，选择颠倒的缝线，选中的缝线将突出显示（变为红色），然后在“3D 属性”工作栏缝合属性下，复选“翻转”选项进行调整，直至调整完成。

⑤ 重新放置布料并检验缝线，核实所有缝合都呈现为正确的位置，可以点击隐藏模特按钮，从各个角度查看缝合的情况。

移动模特——同时按住鼠标左右键后进行移动。

倾倒模特——按住鼠标右键后上下左右移动实现倾倒。

要显示或隐藏模特，可以从 3D 工具栏中选择“显示或隐藏模特”按钮（图 9-65）。

4. 简单模拟试衣

在 3D 工具栏上鼠标左键点击“模拟悬垂性”按钮▶，即可运行模拟穿衣（图 9-66）。

模拟穿衣过程的速度与计算机性能相关，同时也涉及所模拟服装衣片的多少和模拟分辨率的大小等。一般来说，纸样数量较少的服装，模拟的速度较快。同样，分辨率高也需更多的模拟时间。

5. 布料材质

可以为全部纸样一次性定义一样的布料材质，也可以给每个衣片定义不同的布料材质。

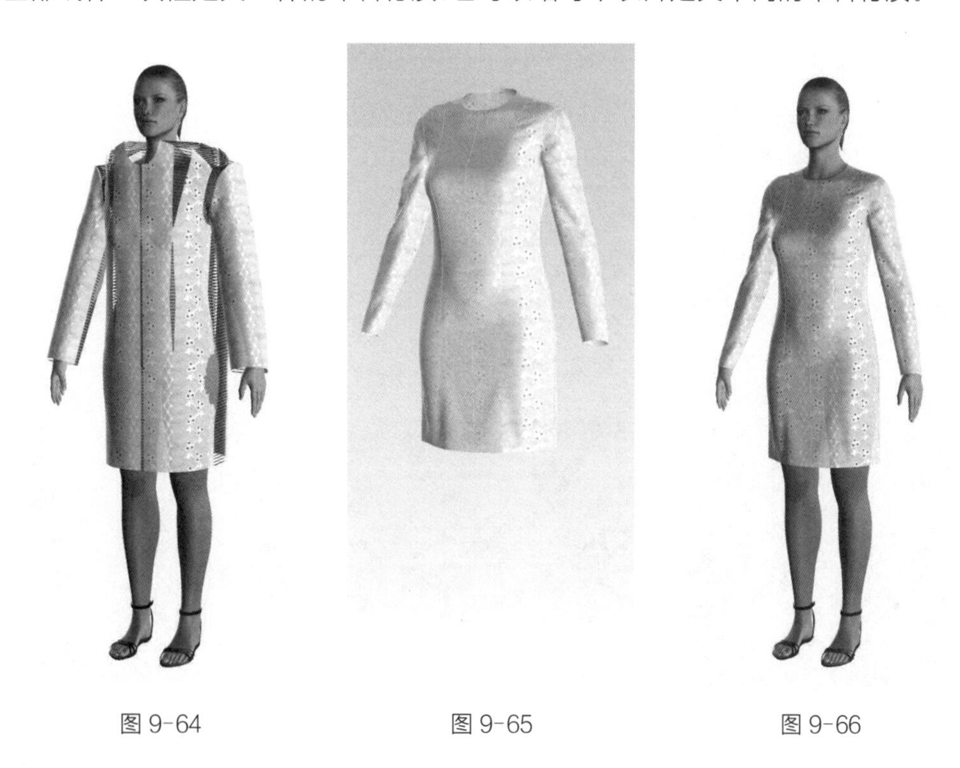

图 9-64　　　　图 9-65　　　　图 9-66

① 选择【纸样】|【布料及条纹】|【布料图像】命令，打开布料图像对话框，选择材质文件，支持的文件类型为 jpg、png、tif、bmp 格式的图像文件，可以设置图案的缩放比例、单元图案间的间隔颜色及尺寸大小等（图 9-67）。

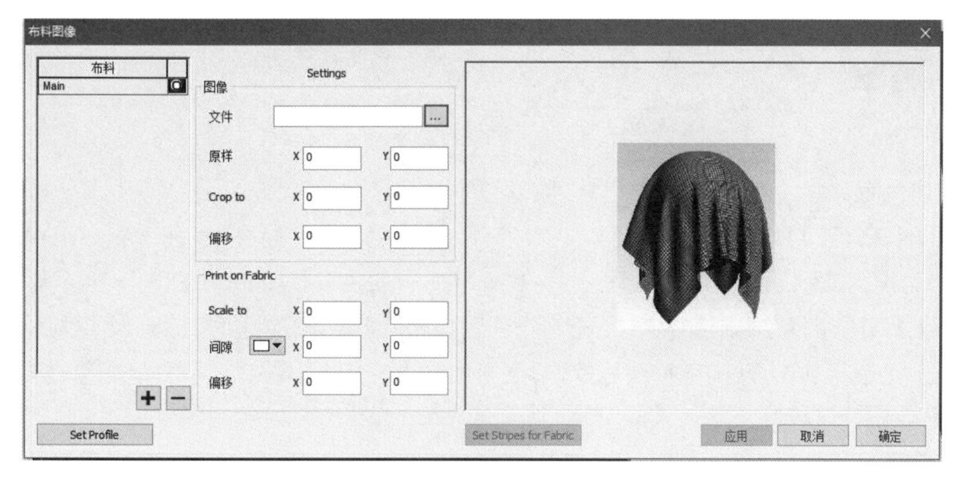

图 9-67

② 选择【视图】|【视图布料】命令，在纸样视图中显示面料效果。

③ 选择【视图】|【视图面料选项】命令，弹出“视图”对话框，其中透明度是整个面料的透明度，Piece Opacity 是样片的透明度情况，选择“没有”项目则采用整体的透明度，若选择“全部”则是样片的透明度是 0，即面料的真实情况（图 9-68）。

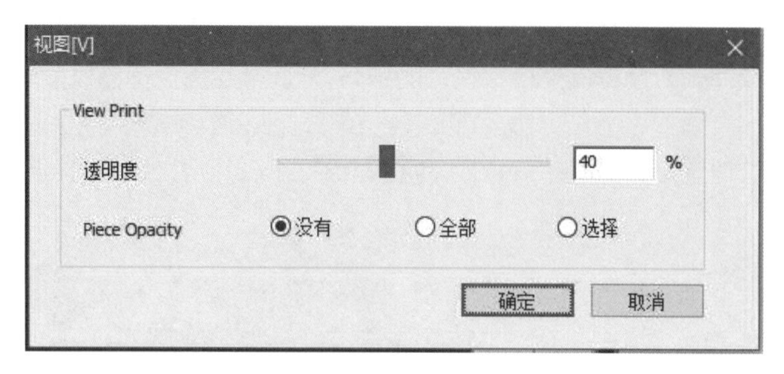

图 9-68

④ 选取“使用 2D 背景的着色器”工具，模特身上的服装变成新选择的面料。

⑤ 对于条纹面料，选取编辑质料工具，在模特身上选择样片移动，或者在纸样工作区选取样片移动，可以调整衣片的条纹，使前后身和衣袖的条纹对条对格（图 9-69～图 9-72）。

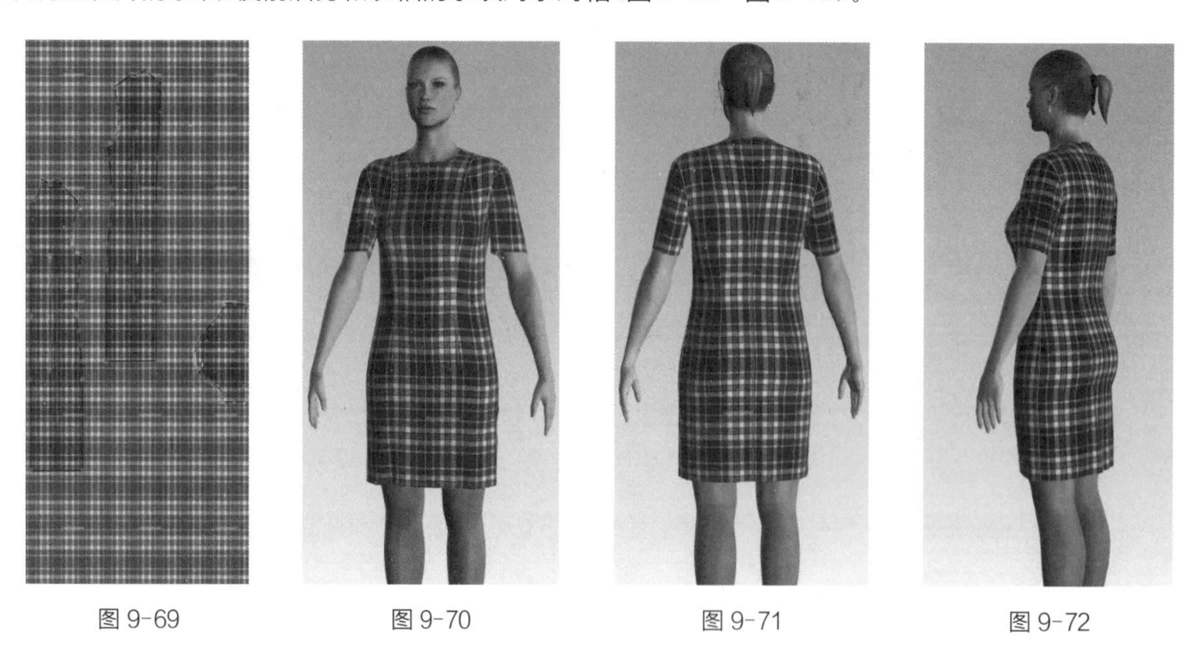

图 9-69　　图 9-70　　图 9-71　　图 9-72

⑥ 修改面料材质：

选取【视图】|【3D 窗口】|【着色管理员】命令，打开“着色管理员”工具箱，在 Variant Set（变量设置项目）下有 Variant1，设置基础图案，Variant1 下还有 Article1.1 子项目，对 Variant1 做进一步的设置（图 9-73）。

选取【视图】|【3D 窗口】|【阴影】命令，打开“阴影”工具箱，通过“增加图层”工具增加材质图层，并且可以对图层做删除、锁定、向上及向下移动等操作，在材质属性栏目下，可以设置图案类型、应用部位、镜像、偏移、缩放等操作（图 9-74）。

在材质类型被定义为“Pattern”时，印花图案将在条纹材质上面循环重复，成为连续图案，若定义为“logo”，则需勾选“X 重复”和“Y 重复”复选框，否则就是一个单独的图案。

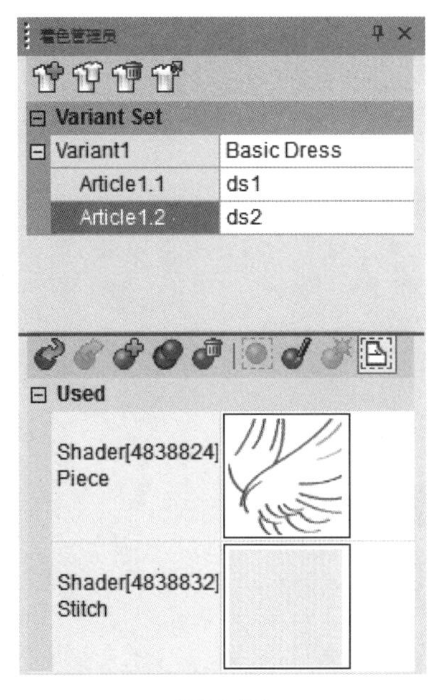

图 9-73

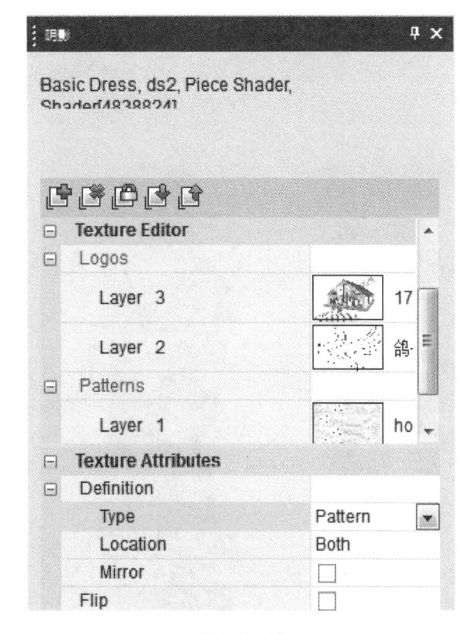

图 9-74

6. 缝线

缝线的性质可以在"3D 特性"对话框的缝线项目进行定义，为了区别不同的缝纫方式，更真实地模拟现实的车缝效果，可以使用两个不同的缝线用于衬衫——Overlock 缝线用于边缘，Flatlock 缝线用于袖子，这两个缝线文件都是 PGM 系统自带的样本素材文件。

选取"缝线"工具，将鼠标移至纸样工作区，鼠标形态变为，单击鼠标右键，鼠标形态则变为，单击需要调整缝线性质的缝线，"3D 特性"对话框显示缝线的参数（图 9-75）。

图 9-75

系统预设缝线为白色，宽度为 0.15 cm。

（1）选择边缘缝线

单击"缝线"工具，鼠标变成缝合状态，单击鼠标右键，鼠标将变成选择缝线的状态，单击缝线完成选择，按住【Shift】可以选择多条缝线。

（2）调整缝线参数

进入选择缝线的状态后，"3D 特性"对话框显示缝线的参数，可以对线段形状、缝线的宽度、缝线清晰度、缝线偏移、缝线的种类、边线力量、缝线常数、收缩、硬度等参数做调整，如图 9-75。

（3）在 3D 模特视窗中查看效果，如看不见缝线，则需调整

① 在"3D 属性"窗口，缝线依然被选择时，缝合属性已经开始。

② 在"宽度"信息栏中将其数值改为 1 cm。

③ 使用"偏移"编辑栏给缝合生成材质，直到包围边缘为止，将"偏移"编辑栏中的 X 数值改为 0.2 cm。

④ 其他部位缝线添加方法与此类似。

（4）修改缝线颜色

选择所需更改颜色的缝线。在"材质"窗口"材料编辑"区段，在颜色面板中调整颜色。

7. 查看服装合体程度

选取“显示 X 射线”工具、“显示线框”工具、“弹簧”工具可以查看服装合体程度(图 9-76～图 9-79)。

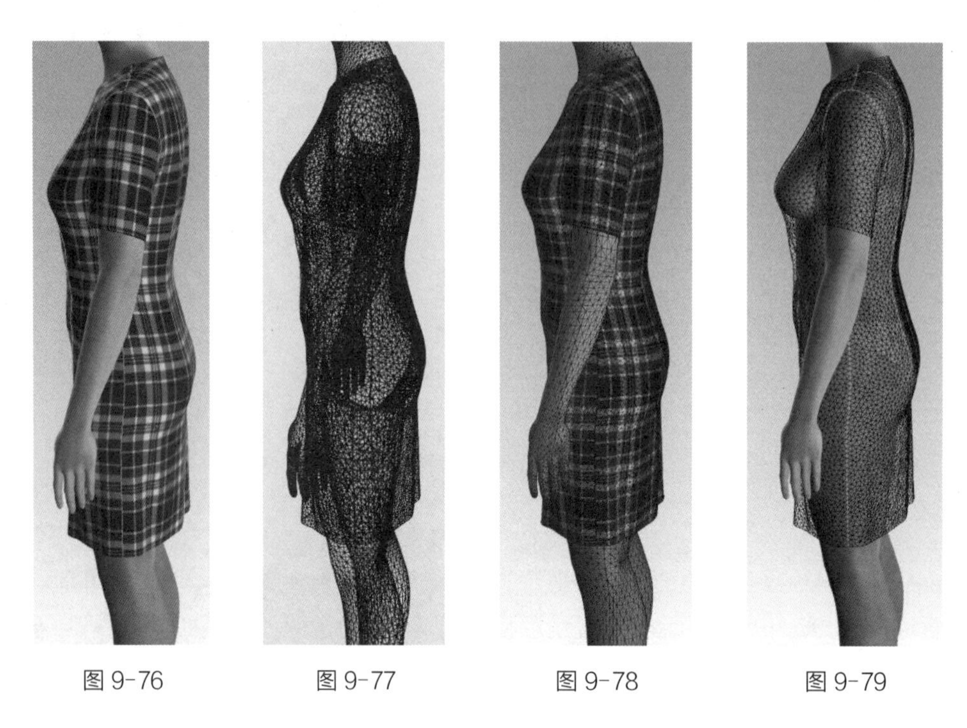

图 9-76　　图 9-77　　图 9-78　　图 9-79

8. 保存

选取载入模特儿选项下的保存衣服选项，弹出“另存为”对话框，可以对模拟好的衣服保存，保存类型有 clt、3ds、dxf 等多种格式。

选取 3D 渲染下的“保存图像”工具，可以保存渲染模拟图像，有保存内容、尺寸等选项(图 9-80、图 9-81)。

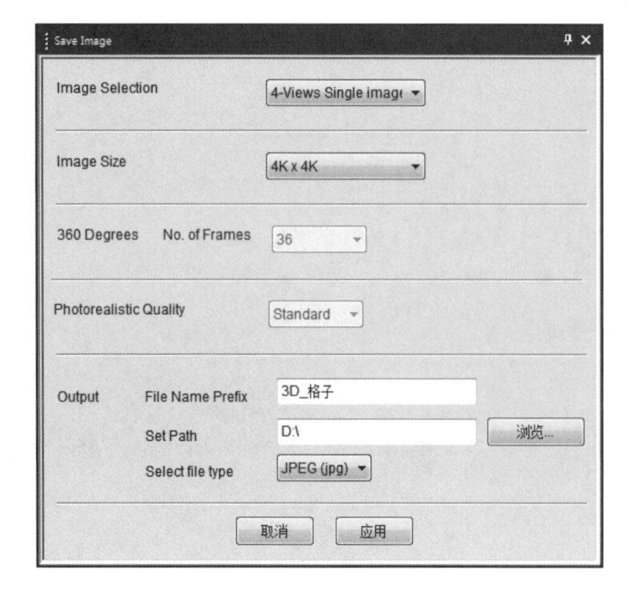

图 9-80

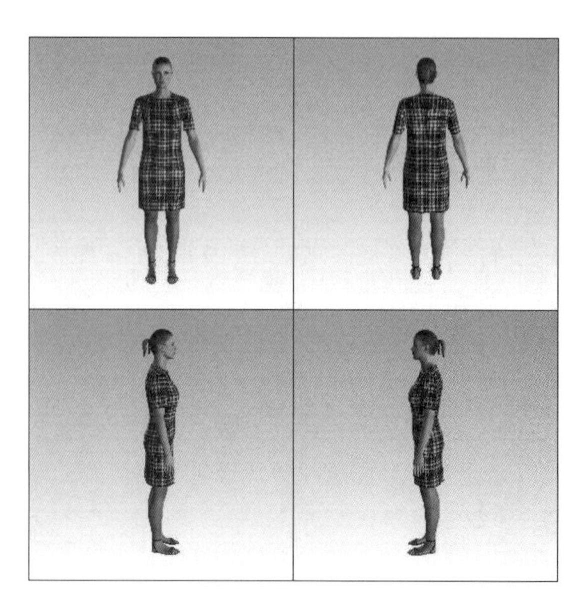

图 9-81

项目 10　户外服装打板、放码

10.1　项目描述

本项目介绍软件的工艺模块。

户外服装主要可以分为内衣、保暖层和外衣三种，而登山、户外运动的外衣一般是指冲锋衣、冲锋裤、风雨衣之类的服装，其中冲锋衣有为满足人体需要而设计的分割设计等多种设计手法，结构较为复杂。本项目选择女冲锋衣作为实训内容，学生通过其结构绘制、放码等工作，能够较好地使用软件的各个工具，掌握工具功能，为完成各类服装的制板、放码打好基础。

10.2　项目目标

1. 知识目标

了解户外服装的构成及结构特点，了解绘制复杂结构服装所涉及的软件工具的功能及其操作方法。

2. 技能目标

全面掌握 PGM 服装 CAD 打板系统各个工具的操作方法和操作技巧，提高用服装 CAD 软件制作服装样板的效率。

3. 素质目标

掌握使用 CAD 绘制服装结构和制作服装工业纸样的特点和技巧，通过对本软件的学习，能融会贯通，为其他服装 CAD 软件的学习打下基础。

10.3　项目操作

冲锋衣，适用于城市休闲族、普通的周末郊游，也适用于中长距离的远足和登山以及专业的探险，是户外运动爱好者的必备装备之一。在设计上有以下的特点：肩部、肘部要有耐磨层；内中下部要有风裙，以防止风从下摆围灌入衣内；腋下有透气拉链，在出汗较多的情况下可拉开透气；内置式帽子，以便在不用的时候可以收起。另外还有一些细节，比如在袖口处有小挂扣，可以直接把手套挂住等。

一、女冲锋衣结构设计

女冲锋衣号型规格及结构设计步骤如表 10-1 和表 10-2 所列。

表 10-1　女冲锋衣号型规格表　　单位：cm

部位名称	测量方法	S	M	L	备注
后中长	后中到后下摆围	68.5	68.5	70.5	图：
1/2 胸围	腋下十字缝向下 1 cm	51	53	55	
1/2 腰围	平腰量	45.5	47.5	49.5	
1/2 下摆围	平下摆围左到右	51	53	55	
总肩宽	肩点到肩点	40.3	41.5	42.7	
袖长	颈后到袖口	81	83	85	
袖肥	腋下十字缝 1 cm	21.5	22.5	23.5	
袖口宽(松量)		9.5	10	10.5	
袖口宽(拉量)	袖口拉开量	11.5	12	12.5	
上领围大	上领围含拉链	53	54.5	56	
下领围大	领缝处含拉链	51.5	53	54.5	
前领高		8.5	8.5	8.5	
后领高		8.5	8.5	8.5	
帽高	颈点直量帽高	34.5	35	35.5	
帽宽	帽高 1/2 处量	25	25.5	26	
前后摆差	平下摆围量前后摆差	3	3	3	

表 10-2　女冲锋衣结构设计步骤

图　示	步　骤	命　令	操 作 方 法
	设定单位	设定单位	➢ 选取【选项】|【设定单位】，弹出“设定单位”对话框，单位选“cm”，误差选“0.01”。
	后身基板	新建	➢ 单击新建文件按钮，定出后中长＋后领深、半胸围 1/2。输入：长度71，宽度 28.5。
	后领窝特征点	线段加点	➢ 后直开领用加点工具定出2.5； ➢ 后横开领用工具加点，以下领围大的 2/10−0.3。
	肩斜 肩宽	线段加点	➢ 肩宽用辅助线 1/2 肩宽，辅助线属性输入按总肩的 1/2＝20.75； ➢ 肩斜线按半胸围的 1/10－1.8，用辅助线工具。

（续表）

图　示	步　骤	命　令	操 作 方 法
后片 基码	确定： 后袖窿深 后背宽 腰节位置 腰围收量	线段加点 移动点	➢ 后袖窿深用加点工具，大小为胸围的 1.5/10＋8＋肩斜＝27.4； ➢ 后背宽用辅助线，大小为胸围的 1.5/10＋3.5＝19.4； ➢ 摆差：由底边向上 3； ➢ 腰节按胸围进 1； ➢ 腰节位置：由袖窿深往下 12。
	调整后领窝、袖窿和大身弧线	移动点	用移动点工具调整后领弧线； 用移动点工具调整袖窿弧线； 用移动点工具调整大身缝弧线； 用移动点工具调整下摆围弧线。
前片 基码	前身基板	辅助线工具 线段加点 移动点 沿着移动	➢ 复制后片； ➢ 去摆差 3，调整前衣片底边线； ➢ 前衣长线：由后衣长最高点下 1（可用辅助线）； ➢ 前横开领宽等于横开领宽－0.3； ➢ 前直开领按下领围大的 2/10，用加点工具完成； ➢ 肩斜线按半胸围的 1/10-0.8，用辅助线做； ➢ 用移动点工具调整前领膛弧线； ➢ 用沿着移动工具调整前肩宽； ➢ 前袖窿深用移动点工具，按后袖窿深上 1.5 cm（做省道转移用）； ➢ 前胸宽等于背宽－1.2。用移动点工具调整袖窿弧线。
	袖片大轮廓	新建矩形 辅助线 线段加点	➢ 在菜单栏中选取编辑菜单下的新建矩形工具，输入袖长（后中袖长－1/2 肩宽）、全袖肥； ➢ 袖山深用辅助线，按胸围的 1/10＋5； ➢ 用加点工具，加袖山中点和袖山深点。
	调整袖山和袖口，完成衣袖	多个移动 移动点	➢ 用多个移动工具，调整到袖口尺寸； ➢ 用移动点工具，调整袖山弧线。

（续表）

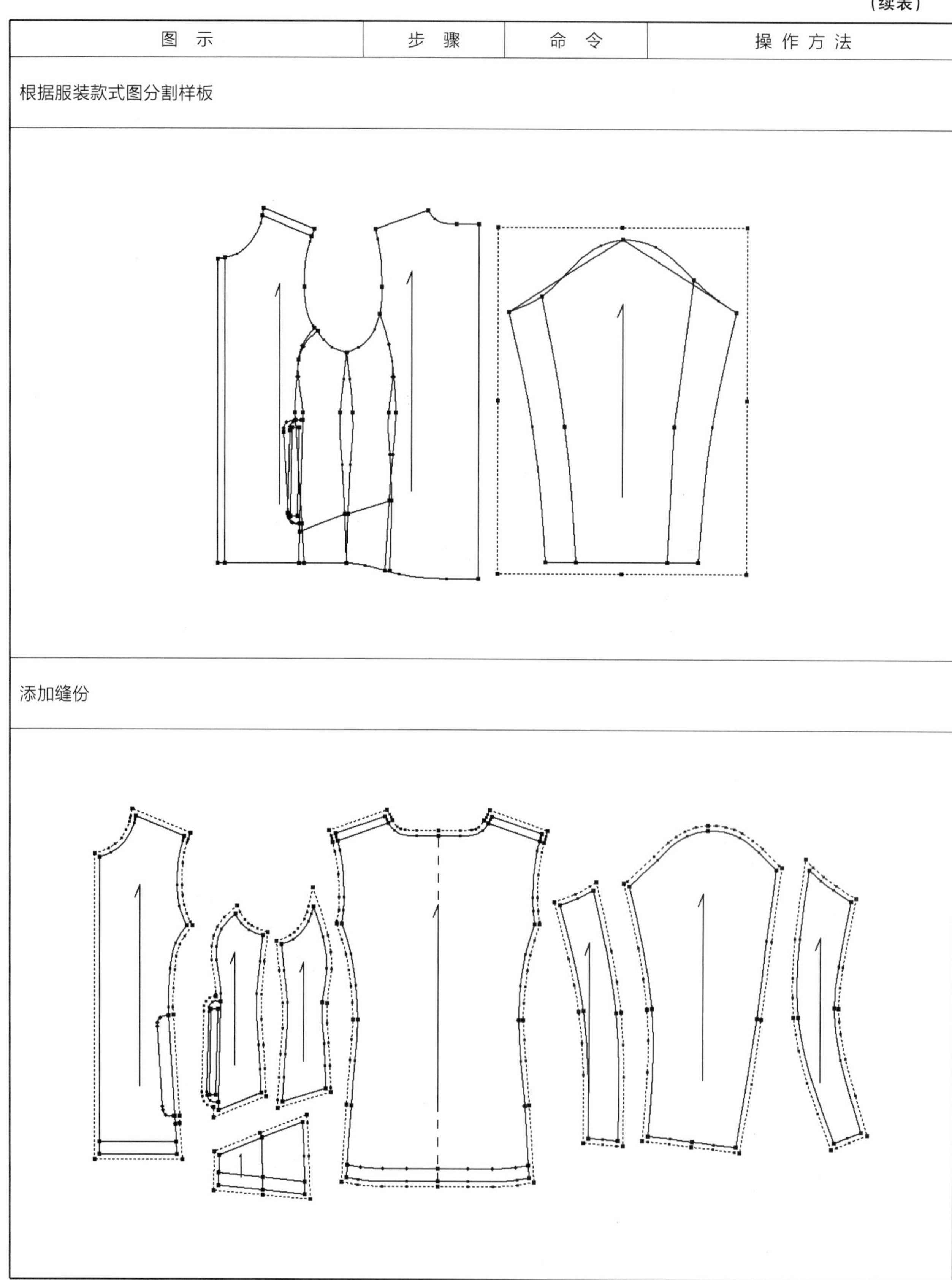

图　示	步　骤	命　令	操 作 方 法
根据服装款式图分割样板			
添加缝份			

（续表）

图　示	步　骤	命　令	操 作 方 法
配领、帽等小部件 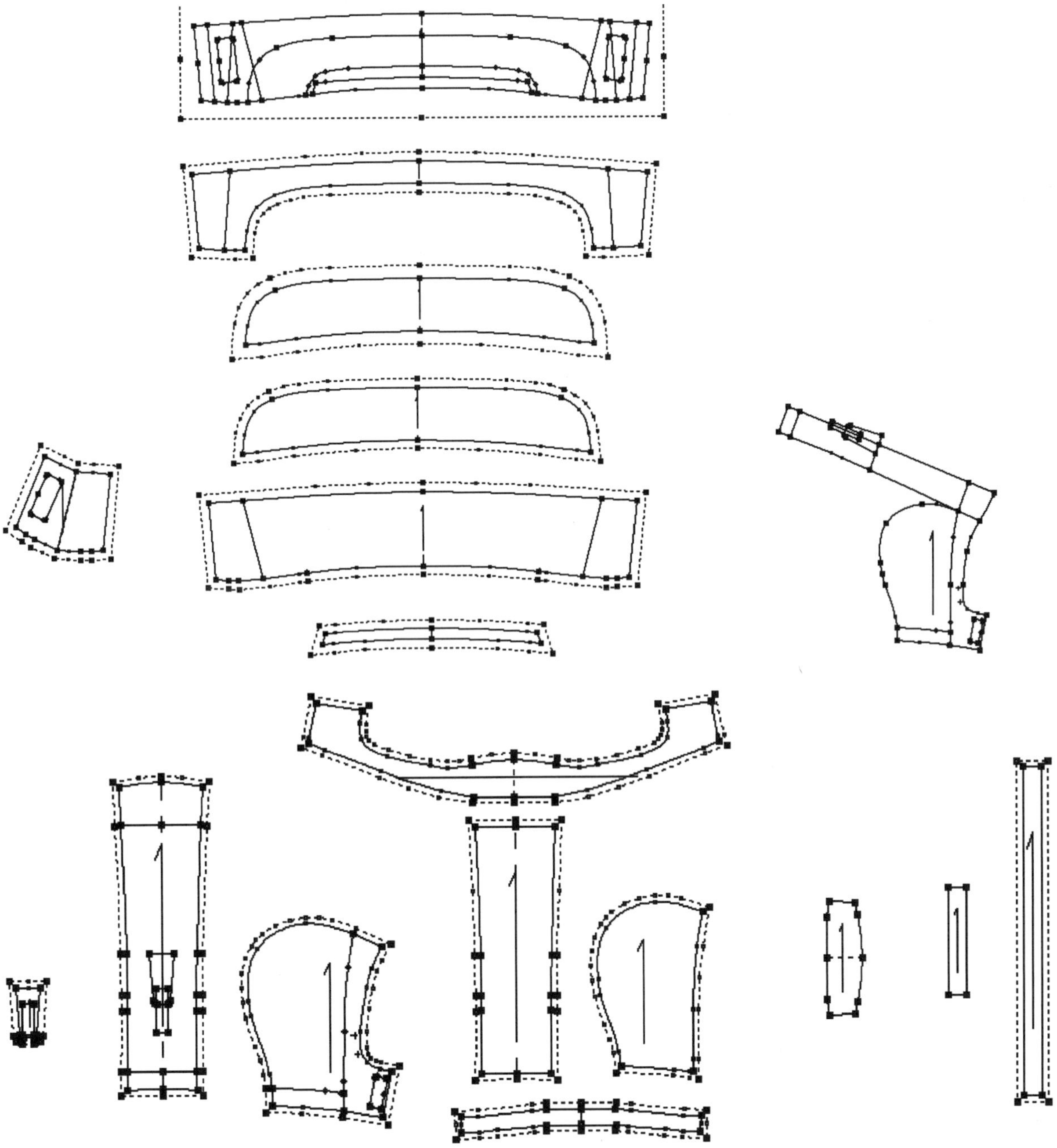			

（续表）

图　示	步　骤	命　令	操 作 方 法
配里布、袋布等小部件			
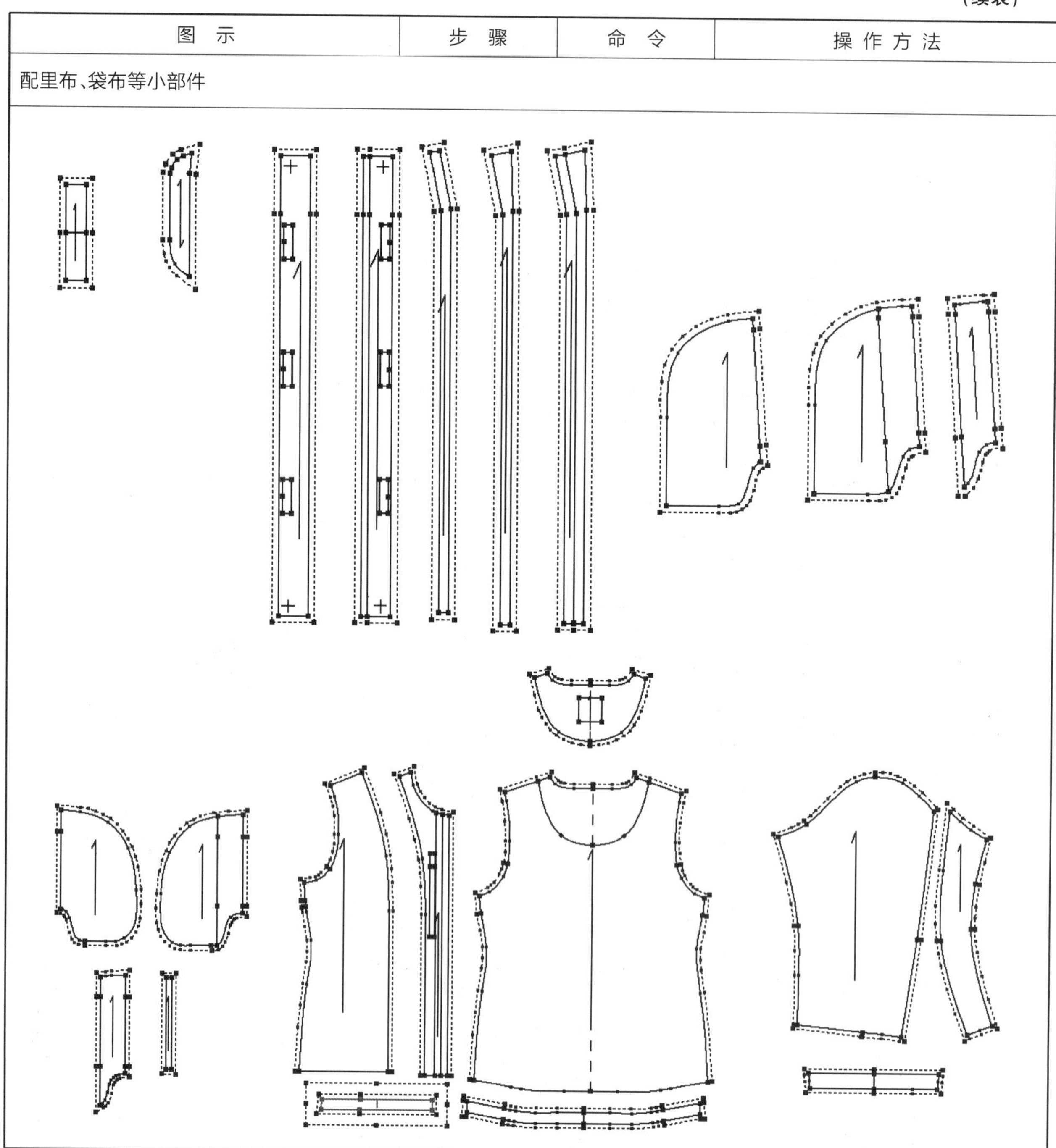			

二、女冲锋衣推档

女冲锋衣推档如表 10-3 所列。

表 10-3　女冲锋衣推档

图　示	步　骤	命　令	操 作 方 法
	打开放码表	Ctrl + F4	➢ 按快捷键 Ctrl + F4，打开“放码表”对话框。

（续表）

图　示	步　骤	命　令	操 作 方 法
	设置样板的尺码	尺码	➢ 选取【放码】|【尺码】命令，弹出“尺码”对话框，通过“插入”“附加”等命令完成尺码设置； ➢ 确定基本码。
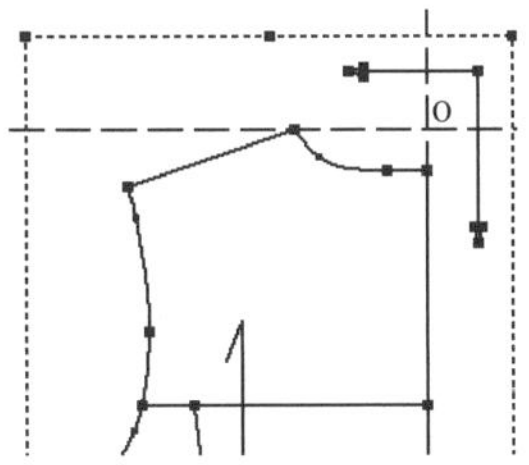 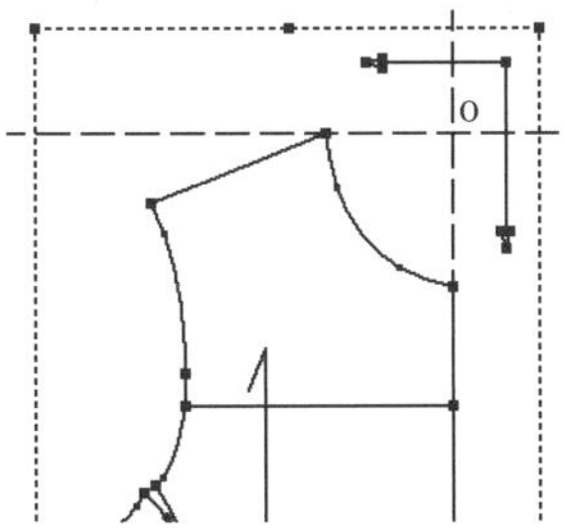 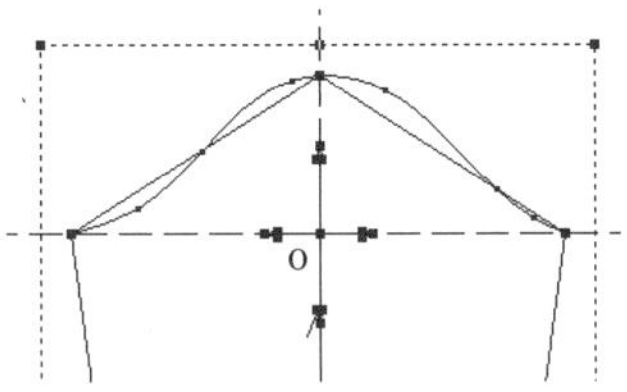	设定放码的基点 O 点		➢ 后身以后中线、上平线的交叉点为 O 点 ➢ 前身以前中线、上平线的交叉点为 O 点 ➢ 袖子以袖中线、袖肥线的交叉点为 O 点
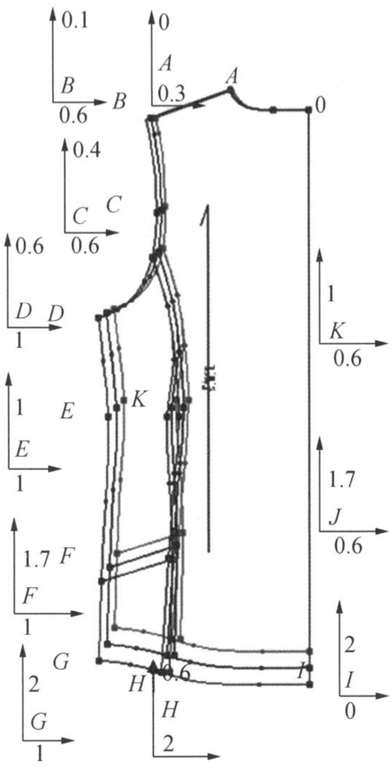	设置后衣片的放码值	复制、粘贴、粘贴 X 值、粘贴 Y 值  dx、dy 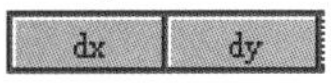	选取某个放码点，出现直角坐标，以及该点的 dx、dy 值的输入框。 ➢ 点取 C 点，在最小号输入框中（尺码 S：dx 0.6，dy 0）输入 dx＝0.6，dy＝－0.4； 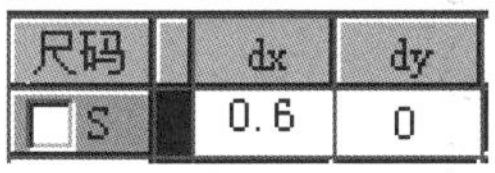 ➢ 选中 dx 列，点击鼠标右键，弹出菜单，选取“全部相等”命令； ➢ 选中 dy 列，点击鼠标右键，弹出菜单，选取“全部相等”命令，完成了 C 点的放码值的设置；（尺码 S：dx 0.6，dy -0.4；M：0，0；L：-0.6，0.4） 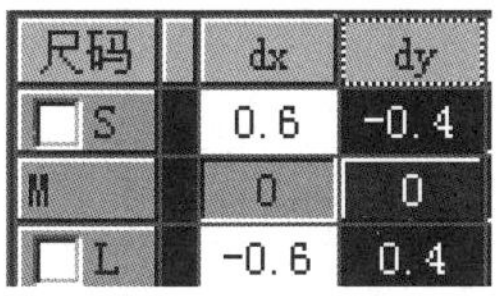 ➢ 其他点的放码值的设置类似。 也可以通过复制、粘贴、粘贴 X 值、粘贴 Y 值等命令提高设置放码值的效率。

（续表）

图　示	步　骤	命　令	操 作 方 法
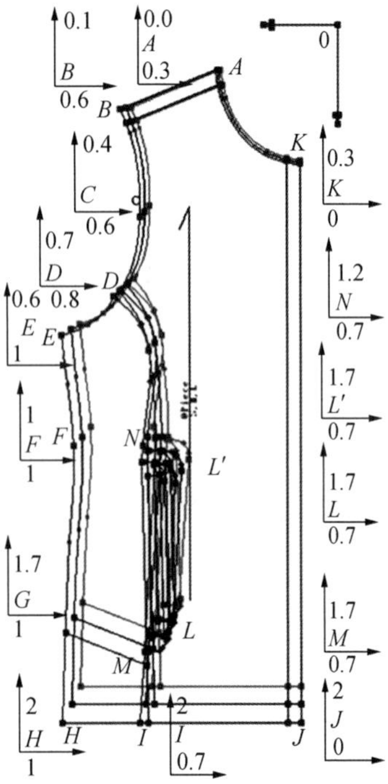	设置前衣片的放码值	同上	➢ 与上类似。
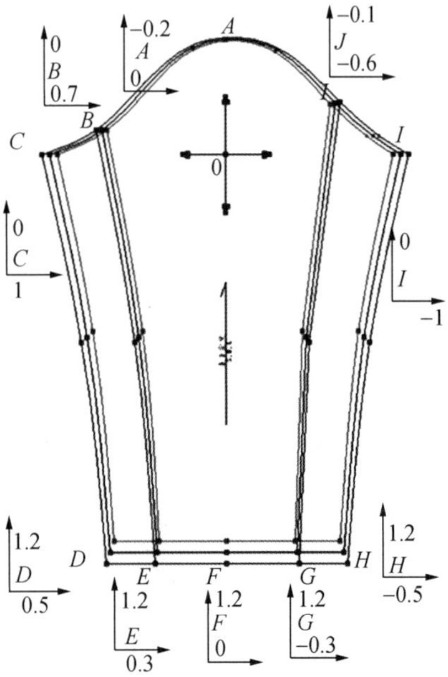	设置衣袖的放码值	同上	➢ 与上类似。

（续表）

图　示	步　骤	命　令	操 作 方 法
女冲锋衣放码示意图 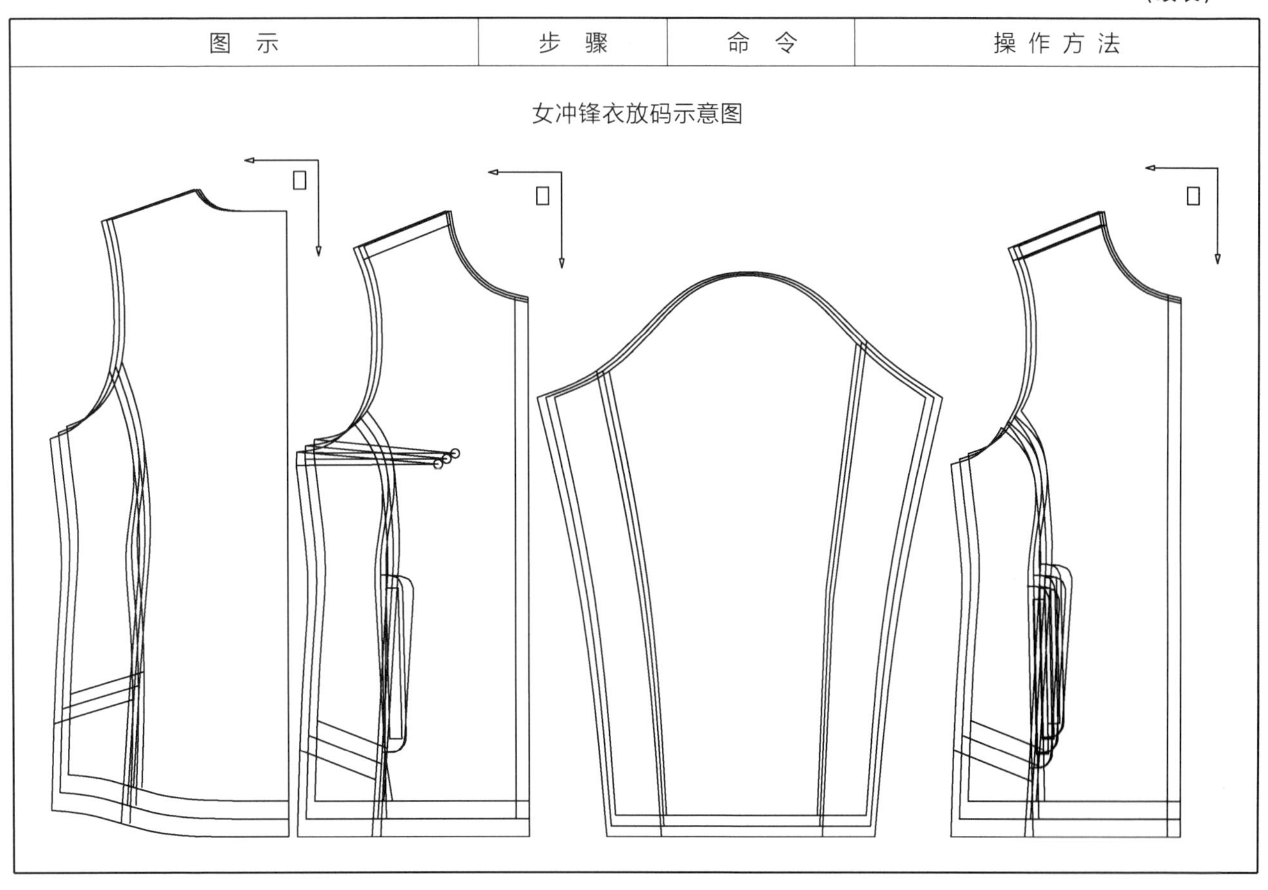			

参 考 文 献

[1] 尚笑梅等. 服装 CAD 应用手册. 北京：中国纺织出版社. 1999.
[2] 斯蒂芬·格瑞著. 服装 CAD/CAM 概论. 张辉，张玲译. 北京：中国纺织出版社，2000.
[3] 谭雄辉等. 服装 CAD. 北京：中国纺织出版社,2002.
[4] 张鸿志. 服装 CAD 原理与应用. 北京：中国纺织出版社，2005.
[5] 刘荣平. 服装 CAD 技术(第三版). 北京：化学工业出版社，2015.